0.125

8

16

设计改变生活

DESIGN CHANGES LIFE

艺术×生活系列

王静 著

0.618

43

中国财经出版传媒集团
中国财政经济出版社

图书在版编目（CIP）数据

设计改变生活 / 王静著．—北京：中国财政经济出版社，2015.3

（艺术×生活系列）

ISBN 978-7-5095-5650-4

Ⅰ．①设… Ⅱ．①王… Ⅲ．①人—机系统—应用—设计Ⅳ．①TB21

中国版本图书馆CIP数据核字(2014)第207155号

责任编辑：杨云　　文字编辑：钱琪然
特约编辑：霍覃 赵珏　　封面设计：郑韩樱子
排版制作：沈思綮　　责任印制：刘春年

中国财政经济出版社 出版

URL:http//www.cfeph.cn
E-mail:cfeph@cfeph.cn

社址：北京市海淀区阜成路甲28号 邮政编码：100142
营销中心电话：010-88190406 北京财经书店电话：010-64033436
北京时捷印刷有限公司印刷 各地新华书店经销
165×210毫米 16开 13印张 195 000字
2015年3月第1版 2015年3月北京第1次印刷
定价：45.00元
ISBN 978-7-5095-5650-4/J·0018
（图书出现印装问题，本社负责调换）
本社质量投诉电话：010-88190744
反盗版举报热线：88190492 88190446

目录 | CONTENTS

前言

阅读设计的快乐

2 设计改变审美

我们今天的生活方式，与昨天有着巨大的不同，你是否认真思考过，这种改变究竟源于何处，又因何所致？答案可能有很多，比如科技的发展、财富的积累，甚至还可以说，是社会体制的进步。但我们不能忘记，在不同的历史时期，出现过一次次巨大的浪潮，它由一个或者一小撮人发起，最终却使全人类的生活变了样。这就是与我们的生活最贴近的一种力量，它来自于——设计。

20 世纪初期，世界上绝大多数人还居住在有着各自浓郁民族风格的建筑里，欧洲人在装饰繁复的房屋中一边喝着咖啡，一边欣赏着古典音乐；远东的日本人在光线幽暗的町屋里品茶观花；而在中国北方，人们会在四合院里一边遛鸟，一边听戏，好不惬意……然而轰轰烈烈的二战结束后，在短短 20 年的时间里，几乎全世界的人都住进了同一种风格——如同方盒子一样的建筑里，这种被学者们称为“国际主义”的建筑设计风格让居住在世界各地的人们突然间有了相对统一的审美，它的影响广泛而深远。

Factory Girl 伊迪 · 塞吉维克

时尚产业中，设计更是展现了它巨大的魔力。20 世纪 60 年代中期，波普大师安迪 · 沃霍尔（Andy Warhol，1928—1987）打造的工厂女孩（Factory Girl）标志性的浓重眼影及金色短发让全美的少女趋之若鹜；70 年代，设计师维维安 · 韦斯特伍德（Vivienne Westwood，1941— ）用她的服饰造型让“性手枪”乐队一炮而红，朋克音乐借此流行，很难想象，如果没有维维安，还会不会有如今的朋克；我们一边反讽“穿 Prada 的女强人”，却一边手捧时尚杂志如

伊迪·塞吉维克和安迪·沃霍尔

饥似渴；现今，在中国任意的一个小城市里，从来没有去过北欧的普通百姓都可能在装修住房的时候选择斯堪的纳维亚风格，或者在餐厅吊上一盏松果灯……

设计，使我们的生活变得生动有趣、丰富惬意，它时不时地把你卷入一个潮流中，再把你拉出来，推向另一个潮流。千万不要以为，是你选择了设计，其实，是设计选择了你。设计左右着大众的审美，甚至左右着人们在某一时间、某一地点的具体选择。试着回想一下，你是否曾在某个街角的橱窗前驻足停留，精美的橱窗布置，让你回忆起童年，或者想到未来……

设计改变生活

设计带来的不仅仅是审美的改变，它同时改变着我们的生活方式、行为方式以及那些不易察觉的、我们看世界的方式。

今天人们的需求是多样而复杂的，需要客观地看待。审美的满足已经不是难题，在此基础上，设计师还有更多的事情要做。他们要帮助大家看到自己内心和身体的需求，找到一种与自然和谐制衡、与社会轻松对话、与生活愉快舞蹈的科学存在方式。这种方式并不需要存在于高深的宗教与哲学里，生活中无数的设计细节就能让我们感知到这种方式的存

“性手枪”乐队

在。当设计师貌似不经意的设计改变了我们习以为常的枯燥环境，其实他们已经改变了我们不健康的生活状态，消除了各种安全隐患，表达了他（她）对人类处境的贴心关怀。

正因设计对生活的影响无所不及，所以这便是设计师通过细节改变人们生存环境的最佳途径。设计师所涉猎的学科越多，设计水准就会越高，因为设计本身就是一门不折不扣的边缘学科，所涉及的内容繁复纷杂：历史、建筑、物理、经济、心理学、哲学和社会学等，以及各学科的分支学科。例如，亚洲的设计师们必须对易经八卦、风水占星有所研究，以满足这一地区的本土信仰需求；而城市规划设计师还必须了解城市经济发展的规律，等等。在所有构成设计框架的这些学科中，有一门学科与设计结合得最为紧密，如同形与影，共同存在于设计之物中，它就是“人机工程学”。

我们很难再找出第二门学科，能像人机工程学一样，为人类进步所涉及的几乎所有学科提供帮助，它完美地跨越了各种本来看似毫不相关的领域，并将其融合，正是它与设计的结合创造出了令人们备感亲切与惊喜的完美作品。

一般情况下，大多数人想象中的设计师是天马行空、随心所欲的，实则不然，人机工程学就像一把尺子，时刻约束着设计师，或者可以说直接影响着设计成果。那些看似千变万化的产品器物，似乎各个与众不同，但在它们各异的外表下，存在着一些不能违背的标准，这些标准使其功能得以实现——椅子被坐、建筑被居住、衣服被穿，关键的是，这一切必须被舒适地使用。人类对于舒适感的追求没有止境，是否觉得舒适更没有统一标准，在不同地域、生活背景、民族习惯的影响下，人们对于舒适的理解也不同，人机工程学不仅要提供基本的生理舒适度标准，还必须更深层次地向如何满足心理舒适的方向发展推进。

可能你还不太了解人机工程学，甚至不能够相信，如果没有这门学科对设计的帮助，生活会是多么辛苦的一件事。本书会展开一条时间的纵线和一条学科的横线，告诉你设计与人机工程学如何结合才能产生美妙而令人赞叹的化学反应，在梳理曾被我们忽略的古人与自然对话中的人机设计哲学的同时，探寻历史中永恒的经典和重大的错误。本书尝试着打开一扇窗口，让你看到现代科技与人机工程学的进步给予设计更多的特性及可能性，它将引导设计前行，最大限度地发挥对人类的终极关怀。

第一章

达·芬奇的肚脐

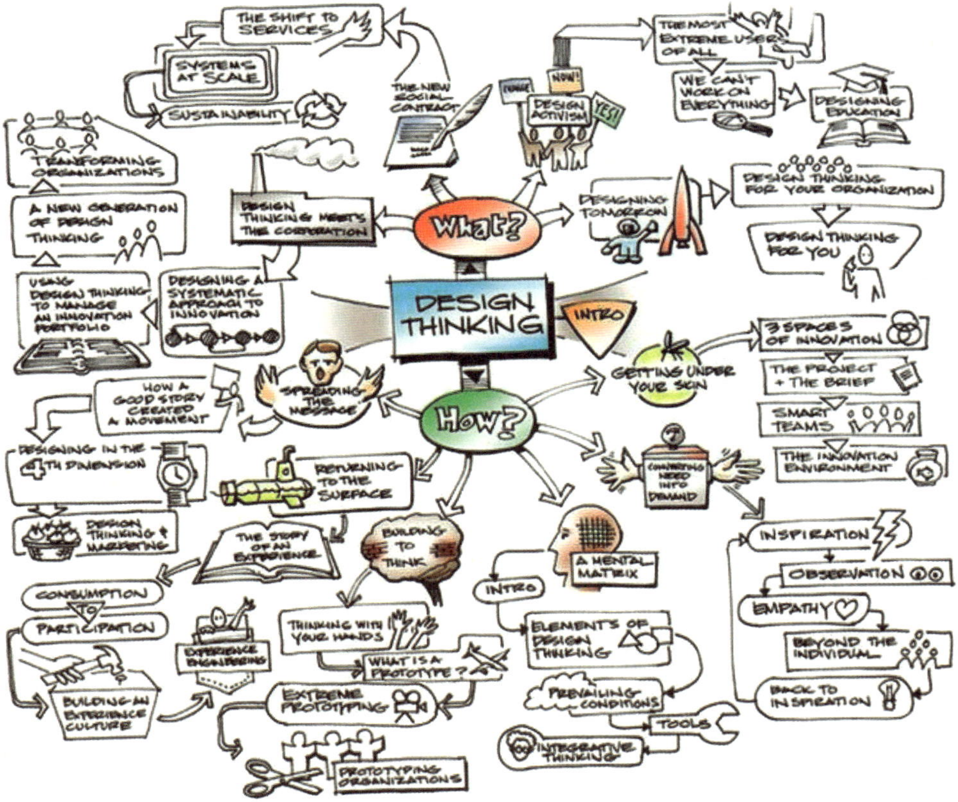

艺术和设计思维图

解剖造就的黄金分割

作为一个历史上最伟大的艺术家和设计师，达·芬奇（Leonardo da Vinci，1452—1519）在艺术上的成就绝不只是创造了蒙娜丽莎那说不清道不明的永恒微笑、犹大复杂欺瞒的表情，在艺术与科学结合的道路上，他比同时代的人走的要远得多。

欧洲人自古就有用"数"来解释哲学、解读天地万物之美的传统，从亚里士多德到阿基米德……在传统认知中，自然万物和人的身体以及脸、手、四肢等各个部分只要符合了相对和谐的比例，就达到通常所认知的"美的要求"。艺术创作也是一样。在画布上，各类形式进行分割安排，比例适当了，总是能让人有美的体验。其中最流行的就是"黄金分割"比例——1:1.618，这种比例现在随处可见，比如书本、纸张、桌子等在规格上都是遵循黄金法则的。推演到人体也是如此，以人的肚脐为分割点，上部与下部的比例如果正好符合黄金分割，就是最优美的体型了。在艺术家的眼中，"数"是一种迷恋，更是通往美的不二法门。

一个男子站在一个圆周与一个正方形的叠加中，达·芬奇的这张羊皮纸手稿被无数次地引用——即使是在现代——来解释什么是男性的标准比例：双脚并拢站立时，正好踩在正方形下边缘，而打开一定角度时，则处于圆与正方形交会处，手臂的测量也类似。达·芬奇对人体的种种理解无疑是建立在解剖的基础之上。15世纪的意大利，解剖尸体是触犯教会法律的行为，但是达·芬奇还是通过各种方法解剖了数十具尸体。对人体结构、肌肉、骨骼和脏器的充分了解，帮助他发明了大量的日常机械甚至是仿生机械，如形如机械手臂的农具。

达 • 芬奇

（Leonardo da Vinci，1452—1519）

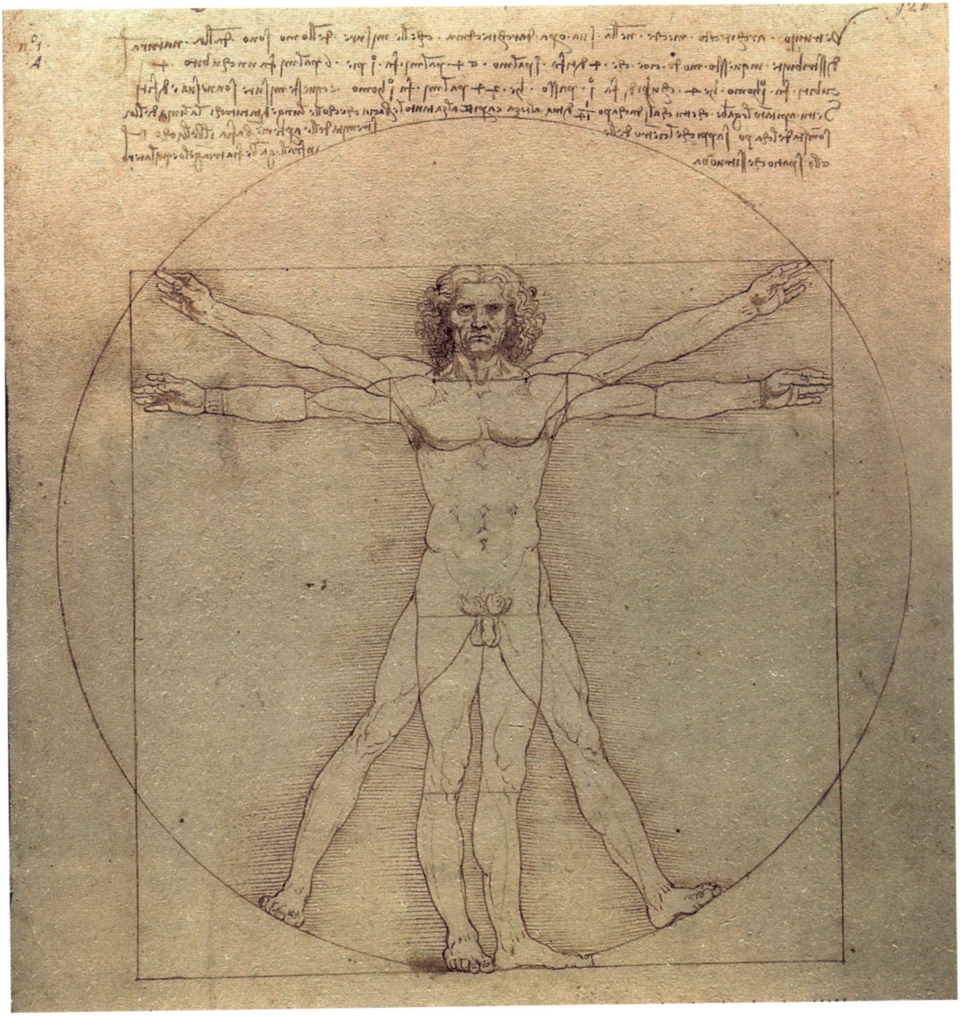

《维特鲁威人》

达 · 芬奇，约 1487 年，钢笔和墨水绘制的手稿

34.4 厘米 × 25.5 厘米，现藏于意大利威尼斯的学院美术馆

《维纳斯的诞生》
波提切利，1482—1486 年，布面蛋彩画，172.5 厘米 ×278.5 厘米，现存佛罗伦斯乌菲兹美术馆

从维纳斯到蒙娜丽莎

然而，对死人的研究是不能满足艺术家对表达事物的需求的，达·芬奇进而对人的感觉器官进行研究，特别是视觉习惯和规律，这门博大精深的学科也给予了他最伟大的头衔。人们总是觉得，他的作品空间深邃，场景难以尽释，人物常常有一部分隐藏在阴影之中，表情忧郁。究竟这种与众不同的气质来自于什么，我们从他及同时代画家的作品中可窥得一二。

达·芬奇一方面热心于艺术创作和理论研究，探索如何用线条与立体造型更好地表现形体；另一方面，他也在研究自然科学，为了更真实地表现艺术形象，他广泛研究与其相关的光学、数学、地质学、生物学等。他的贡献对后世产生了深远的影响。

上面这幅油画，是同时代画家波提切利(Sandro Botticelli，1445—1510)的《维纳斯的诞生》，早于达·芬奇的《蒙娜丽莎》。在这幅作品中，波提切利想尽量展示出人物的动人曲线和圆润肢体，想尽办法通过明暗关系去表现立体感，他的确做到了这一点。但当我们拿它与达·芬奇的《蒙娜丽莎》相比时，我们会发现：就“立体感”这种古代艺术家终极的追求目标而言，波提切利的人物表现还差得很远。在《维纳斯的诞生》中，人物和整个场景都隐入在深邃幽暗的空间中；而蒙娜丽莎的脸和手臂立体实在，有重量感，如同现实。我们放大两张图来观察一下：

在人物的肢体边缘的处理上，波提切利将它们与周围环境明显分隔开，边缘线条硬朗明晰；而达·芬奇则刻意地将边缘虚化，最终融入阴影或者背景中：头发、手臂、腰身、衣饰……无一不是如此。而这正是人类视觉的最显著特征——当视线聚焦于某一局

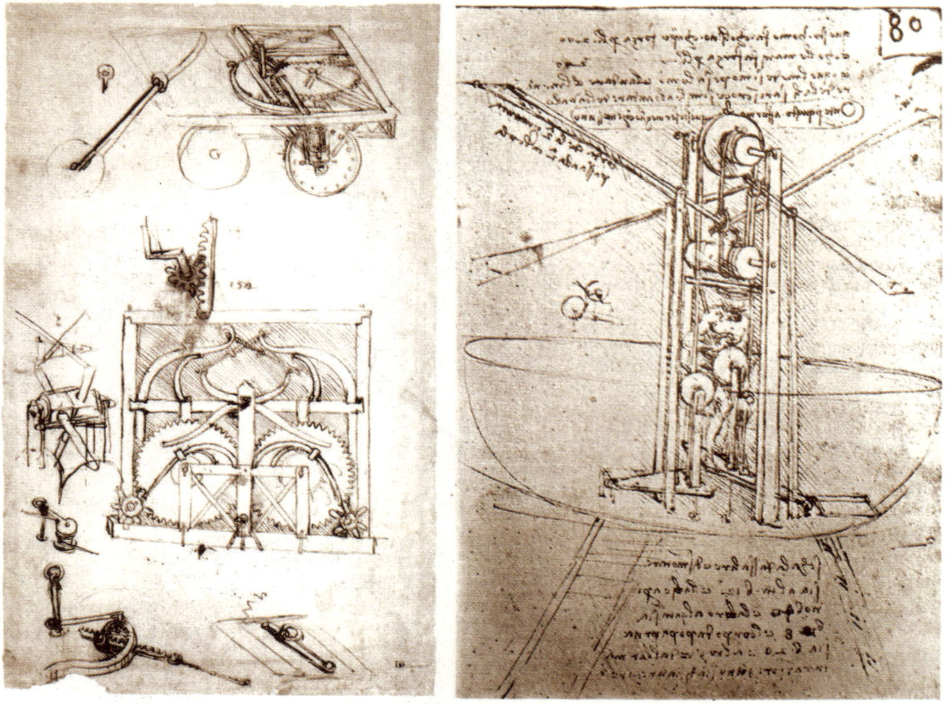

达·芬奇手稿

部的时候，其他地方的视觉敏锐度就会降低，因而显得模糊。现在的人们将达·芬奇这种绘画技法称为“空气透视”。

此外，人的视线除了清晰度会随着远近不同而产生变化之外，对色彩纯度和明度的感受度也会随之相应变化，简单来说就是距离越远颜色越灰暗。在《蒙娜丽莎》这幅画中，这种在当时首屈一指的绘画处理技巧让画面更接近真实的视觉效果，场景根据不同的透视形成近、中、远甚至更多的层次。

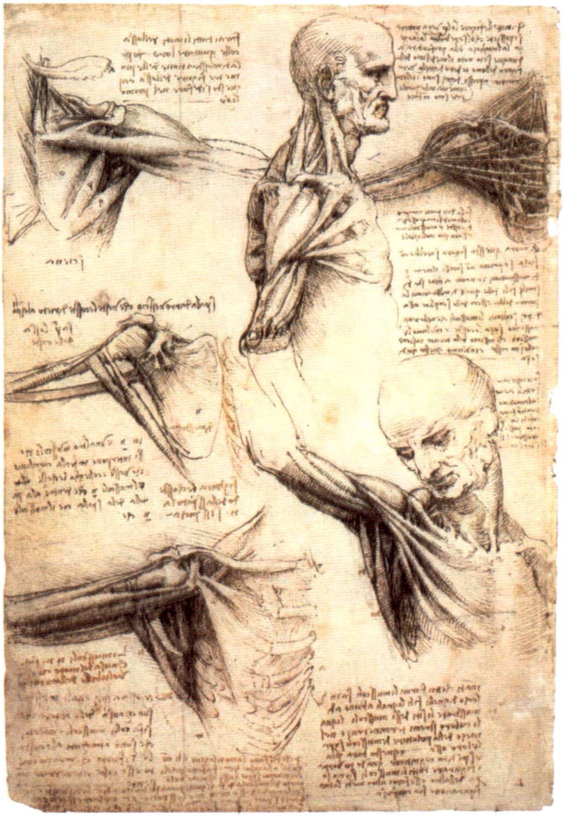

达 · 芬奇的人体解剖图

达 · 芬奇曾为了探寻人体机能的奥秘，不惜违法去解剖尸体。

了解了绘画的原理，就会发现达 · 芬奇绘画的秘诀也并非传说中的那么神秘莫测。如今从事艺术的学生对这种绘画技巧更是了然于胸，现代生活中也有相当多对此原理加以利用的工具，比如相机镜头形成的镜头模糊等。但在几百年前，为了得到这个法宝，一代又一代人在艺术之路上苦苦追求，甚至不惜触犯法律。但这正是促使人类对自身、对自然、对宇宙进行探索的开端。

胡人的“高”家具

你可能不曾想过，是什么原因让我们如今都坐在椅子上吃饭？这一点我们要感谢胡人。如果没有他们，我们可能现在正因席地而坐的习惯而揉搓着麻木的双腿呢！

汉人自古以来就有跪坐并使用矮型家具的习惯。人们常常在地面铺设席子，坐在上面交谈、吃饭、会议、宴客，讲经论道。“席地而坐”这个词语指的就是这种习惯。这种习惯一直沿袭了很久，自商、周到三国时期，跪坐都是人们主要的起居方式。到了东汉末期，高型可折叠的胡床（宋以后称“交椅”或“太师椅”）从西域传入中原。自此以后，人们垂足而坐的习惯逐渐普及，开始使用扶手椅、方凳等高型家具，床榻的高度也大大增加。唐代的时候，垂足而坐与席地而坐的习惯同时存在，高矮型家具并用。直到宋代，高型家具才完全取代了矮型家具，一种新的习惯就此定型。这无疑与人类从蹲厕走向坐厕有着同样重大的意义，不仅让我们的活动空间升高了几十厘米，还使我们降低了罹患某些疾病的几率。

深受中国文化影响的日本，至今还部分保留着使用矮型家具的习惯，因而仍不得不保持着那不太舒适的姿态。所以在这里，我们真要好好感谢那些胡人。

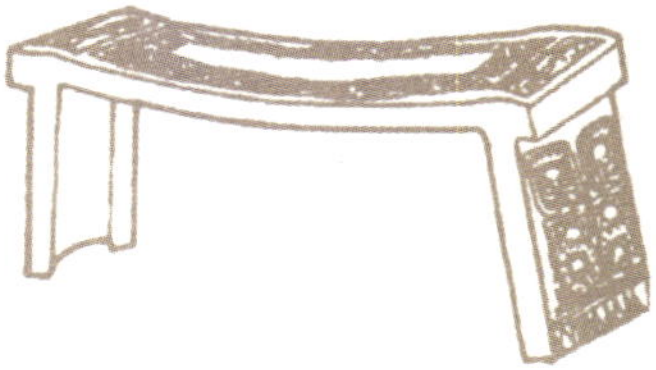

几凳

高凳的出现

酒吧里的高脚吧凳

就在人们习惯了垂足而坐的几百年后，椅子的高度被再度提升了——高凳出现了。人体的小腿内侧长度不再成为主导椅子设计和使用高度的决定性因素，它被另一些“莫名的因素”所取代，这些改变跟心理因素变化和暗示有着直接的关联。原本是在注射室里使用的高凳被赋予了丰富的色彩和形象，现在重新被用在了绝大多数娱乐和服务性场所。我们的视线一而再、再而三地提升，人们的生活习惯再次改变。当然，我们现在非常享受这种设计，它也的确从另一个方面改变了我们的生活。在娱乐场所和商场柜台，高凳使客户更舒适地面对站着的服务人员；在家庭中，高矮不同的家具让室内设计变得更丰富更有层次，朋友间的聚会氛围也随之变得更轻松灵活；而在酒吧，整个场所中的美艳事物更可轻而易举地尽收眼底。

无论在古代还是现代，设计都在改变着我们的生活，人们使用时对舒适度的满足则保证了这种改变朝着好的方向发展。无论是达·芬奇的空气透视，或是胡人的家具，在古时终究没有建立一门学说来系统地总结这些经验，而究其原因，有更深层次的因素，体制的禁锢、民主的缺失造成了设计与人时而对立的局面，大众商品时代毕竟还未到来，真正科学的人机工程学科走向繁荣还有待时日。

初期的人机工程学

客观的自我认知对于人类来说并不容易，勇于承认自己不过是沧海一粟是个良好的开始，要知道世界不是被某一个或者某一群“其他生命”所控制，而是由许多自然规律所掌控。人们自古便有意无意地去寻找这些规律，找到的越多，对未知的自然就越能占据主动。从适应到改变，从改变到控制，从自我控制到对自然的控制，进而掌握规律，是一条必经的发展之路。

经历了巫蛊、泛灵论、近代宗教以及自然科学等的种种洗礼，人类在漫长的历史变迁中认识到，人的生老病死是不可逆转的过程，长生不老只是虚妄的贪念，除此之外，生命体本身没有任何其他出口。

生命虽不可逆转，但却可以改善，让有限的生命更加舒适更加人文化，亦是对生命存在的告慰。于是，历史上产生了许多从朴素经验中得来的对人与物关系的认识，人们用这些经验创造出适宜生活的房屋、家具，适宜工作操作的劳动工具，并口传身授了这些适宜的经验。这些初期朴素的关于人和物的零散知识，成为之后制造各种生活器具、工作用品等的基本要诀，从而形成了最初的设计常识和设计理念。

“设计以人为本”，实际上“设计”原本就是那些为了制造人类所需的产品而被创造的理念，而将这些经验彻底地系统化、理论化，并成为一门科学——人机工程学，已经是人类进入机械时代之后的事了。

由于首先完成了工业革命，英国成为世界上最早进入大机器时代、最早开展工业产品设计的国家：第一条铁路建成，第一艘轮船试航……

Colt45 左轮手枪，是美国柯尔特公司批量生产的第一批可更换零件的标准化产品之一。

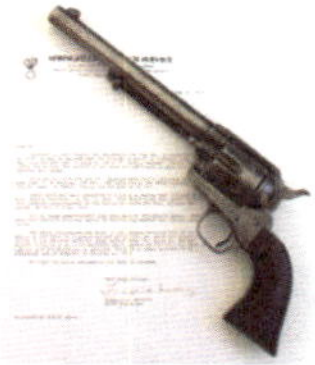

大量的动力机械不断被发明。工厂烟囱林立，大量的工业产品被推向市场。到了 19 世纪后期，一系列提升新的生产力的发明和发现为西方工业的迅速发展提供了基础，机械化的生产方式和机器工业日趋成熟，工厂开始转而追求生产效率，不断降低成本的工业产品低廉得让贫民也能享用到，而以往主要满足统治阶层需求的低产量、耗时耗力且价格高昂的传统手工业产品的生产方式，被机械化生产模式轰击得支离破碎，渐渐消失殆尽。伴随着传统手工业的消失，传统设计经验的继承也随之中断。

《法国阿尔勒地区的女装作坊》
安东尼 · 阿斯帕，1760 年

1804 年，玛丽 · 雅卡尔发明了提花纺织机

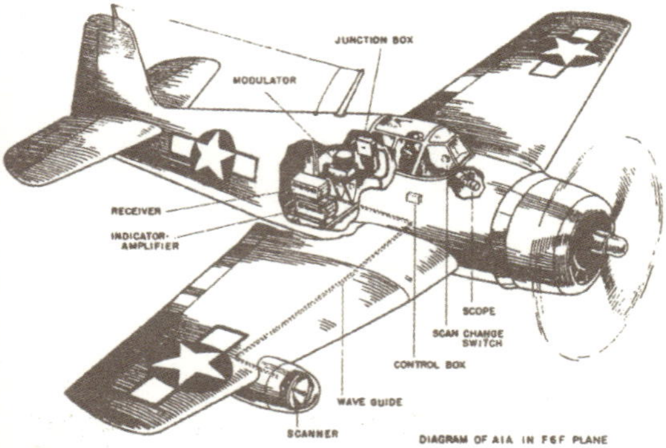

二战时期美军 F6F 战斗机示意图

在很长一段时间内，为了最大限度地开发产品的实用性，工厂的投资者投资现代机械和产品设计多以实现产品功能为目标。机械生产出来后，也必须由人去适应机器，机械的运转决定着生产节奏与效率。

由于机械的设计纯粹为了体现功能性，而不会考虑到操作人员作为“人”的因素，这些机械的使用往往谈不上什么舒适，甚至有的还非常难以控制。操作者的劳动非常被动，对人工操作的要求也相对较高。工厂业主不得不对操纵机器的工人进行必要的训练和选择，以此来创造更多条件使工人与机器密切配合，以保证高效率的生产进度。在这一时期，机械的设计主要着眼于解决力学、电学、动力学等功能性工程技术问题，而在人与机械的关系上，则是牺牲了人的自然属性，通过培训来配合机械。这是一种被动的机械设计，我们称其为经验人机工程学。

推动人机工程学向更科学的目标进阶的重要事件，是第二次世界大战。战争中的主要参战国都各尽其所能地发展高效能、大威力的新式武器。

二战与人机工程学

流水线车间

20 世纪，福特汽车为了满足产能的需要，开发出了以流水线为特点的生产体系，大幅提高了工业化的生产效率。

推动人机工程学向更科学的目标进阶的重要事件，是第二次世界大战。战争中的各主要参战国都尽其所能地发展高效能、大威力的新式武器。在战争的压力下，这些装备和武器在开发时都片面地注重功能与技术性，而人如何使用、是否合理等因素往往不在考虑范围之内。同时紧迫的战场需求，使得各国对使用武器的人员的培训都简单而潦草，因而导致在战争中频繁发生因操作失误而导致的各种失败：例如，飞机仪表显示位置的设计不合理，导致飞行员常常误读仪表而进行了错误操作，以致发生事故。还有些武器操作太过复杂，机制不灵活也不符合人的生理尺寸从而致使武器的命中率大大降低。据统计，美国在第二次世界大战遭遇的飞机事故中，有 40% 以上的飞机损失于机械故障，其中因人机工程设计不合理因素而造成的事故又占了 80%。血的教训引起了决策者和设计者们的高度重视，在政府的督促下，机械与武器的制造者们开始对操作的灵活性加以重视并改进设计，让各种机械更适合操作与使用，尽量让使用者在较短时间的培训中完全掌握机械与装备的使用。

人机工程学在这一时期里的发展，是重视工业与工程设计中“人的因素”，从让人适应机器变成使机器适应于人，这是科学人机工程学时期。

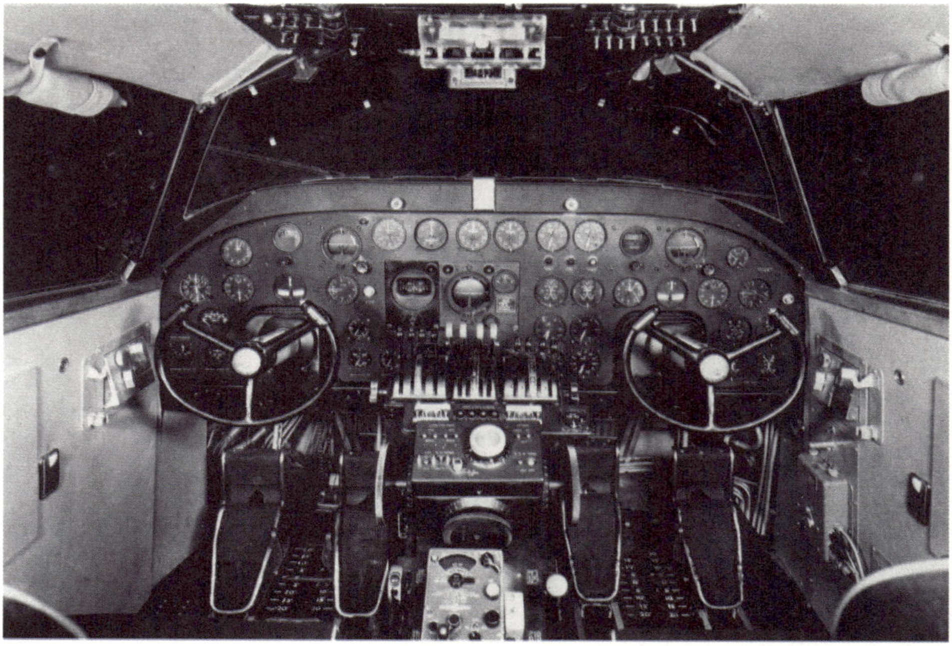

美国的 B24 战机操作舱

当战争告一段落，西方各国都进入了经济与科学的快速恢复和发展时期，在科技进步的推动下，人类对自然、对人自身以及对以前不了解的更广阔的天地有了更多的探索，人机工程学有了更多的用武之地，它与各项科学相结合，开始开枝散叶，帮助各门学科向更合理的方向发展。最突出的应用，是在航天新科技中对人体失重时的探索，研究这种环境下人对物的操作与控制以及人自身生理与心理所可能发生的变化。又如原子核能技术的利用、电子计算机的应用、各种自动化装置的广泛使用，使“人—机关系”更趋复杂。同时在科学领域中，由于控制论、信息论等理论的产生，其与人体科学中的新理论相互交织建立

F.W. 泰罗
（Frederick.W.Taylor，1856—1915）

了新的边缘化科学研究体系。由此，现代人机工程学体系建立起来，这个阶段在前一阶段的基础上介入了许多新领域的实验与研究，为该科学的研究与发展提出了新的方向。从而，人机工程学进入了系统的研究阶段，我们也可称这一时期为现代人机工程学时期。

铁锹试验

人机工程学作为一门独立的学科已有60多年的历史，严格来讲，该学科的系统成形的奠基性工作实际上是在美国完成的。

20世纪初，美国学者F.W.泰罗(Frederick.W.Taylor，1856—1915)提出了新的管理方法和理论，相较传统管理方法，这种方法极大地提高了工人的工作效率。它把人使用的机器、工具、材料及作业环境的标准化问题都一一纳入考虑的范围。因为他发现：一、传统的工作方法可能存在不必要的步骤，这种不合理的步骤应该减少；二、生产工具与劳动量之间也应该存在着一个最适合的配比。如果这两个因素可以改善，不仅可以提高工作效率，还能减少人在工作中的疲劳与不适，防止职业病的加重。于是他进行了一个著名的试验，就是泰罗的"铁锹试验"，通过研究铲子的最佳形状、重量，来适应实际工作需要。

"铁锹作业试验研究"在1898年进行，泰罗用形状相同而型号不同的四种铁锹（每次可铲重量分别为5千克、10千克、17千克和30千克），分别去铲同样一堆煤。试验结果是用10千克的铁锹铲煤效率最高，根据这个结果，他设计了许多大小不同的铁锹，使它们在铲不同货物时重量尽量保持在10千克左右。后来，他还进行过搬运生铁的研究，通过对每次的搬运数量、搬运速度以及休息时间进行标准化管理，使作业者充分发挥劳动潜力，提高了工作效率。

另一位研究者吉尔布雷斯(Frank B.Gilbreth)在减少不必要劳动环节方面做出了贡献。他先利用高速摄影机将建筑工人的砌砖动作拍摄下来，然后对其中的有效动作和无效动作进行分析研究，提出把原有的十几个动作减少到几个动作来完成，结果工人的砌砖速度提高了近三倍。

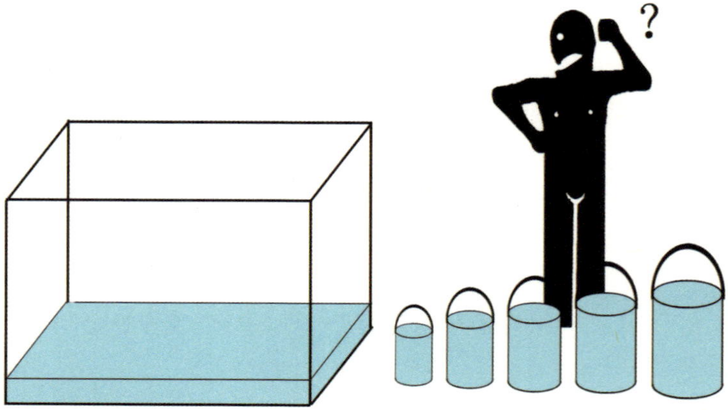

劳动效率实验示意图

实验表明，减少工作中的无效动作对效率的提高有很大帮助。

这些研究者的成果奠定了人机工程学良好的基础，从最初人通过培训适应机械，到机械通过设计适应于人，再到以提高效率为目的，同时改善机械设计与人的工作环节，以达到良好配合关系，为设计而产生的人机工程学逐步向着更科学的方向迈进着，并指导着设计的生成。随着生产规模的扩大和科学技术的进步，科学管理的内容不断充实丰富，其中动作研究、工作流程与工作方法分析、工具设计、装备布置等，涉及的都是人与机器、人和环境的关系问题，有些原则至今对人机工程学的研究仍具有意义。

无论是使用最细小简单的工具劳动，还是进行先进庞大的太空研究计划，都是人借助于物品与自然进行对话，从而改变自然。在人与外界的各种交流中，越来越多的"物品"被设计出来，它们有时可能被运用得很得力，有时却显得笨拙，设计的过程必然伴随着改良与进步。如果说经济利益是推动设计改良的催化剂，那么人机工程学就是设计改良最大的助力器。

改变的时刻到了

机械时代来临时，现代人机工程学的知识体系尚未及时建立，经济的飞速发展首先推动着西方国家把人机关系的研究重心更多地放在了军工产品上。人们日常生活中的产品设计并没有进入人机关系研究的体系中，因此早期机器大生产中的工业产品常常并不追求便捷性和舒适性。加上二战之后，为了满足人们基本的物质需要和对简单生活向往的心理需求，很多产品的设计偏重于国际主义简洁风格。设计的浪潮就此转向了风格化，而非人文化。

这就像是设计在历史中不断反复的规律一样，经历着从对人性化的冷漠到关注，再由关注到冷漠，周而复始。直到20世纪60年代末70年代初，人们重新审视生活产品之后发现：我们使用的产品甚至不如古人，我们的身体远没有得到最舒适的感受。改变的时刻到了！

当然，促成一股文化浪潮仅靠一个诱因是不够的，除了风格变迁的因素外，市场经济的发展日趋成熟也极为重要：当物资紧缺时，有产品便是第一竞争力；当大家都能生产出产品时，好的质量便是第一竞争力；而当大家的数量与质量都差不多的时候，设计便成了第一竞争力。70年代，日本人在批量生产汽车的时候想到，如果汽车不仅仅只是会跑的交通机械，如果它的外部与内饰都让人心情愉悦，不是将会更畅销吗？于是，他们改进了原有的汽车设计风格，在人机工程学的感性工学领域上取得了新的认识，一举在国际汽车市场上占领了先机。

经济是设计改良的催化剂，而人机工程学则举起了设计人性化关怀的大旗。在现代物理学、心理学、社会学、行为学、生物学、统计学等多种学科的支撑与影响下，一套较为完备的供设计领域参考的人机工程学学科建立了，它主要包含以下三个方面的因素。

人

首先为工业设计中考虑“人的因素”提供人体尺度参数，包括人体的生理尺度与心理参数。生理尺度主要通过测量得到，对人体结构特征和机能特征进行研究，提供人体各部分静态时的尺寸、体重、体表面积、比重、重心，以及人体动态时各部分在活动时的相互关系和可及范围等人体结构特征参数，提供人体各部分的发力范围、活动范围、动作速度、频率、重心变化以及动作时的惯性等动态参数。其次，通过分析人的视觉、听觉、触觉、嗅觉以及肢体感觉器官的机能特征，分析人在平时生活、工作、劳动时的生理变化、能量消耗、疲劳程度以及对各种劳动负荷的适应能力，探讨人在工作中影响心理状态的因素及心理因素对工作效率的影响等。这些数据可有效地运用到工业及各方面的设计中去。

物

为设计中“产品”的功能合理性提供科学依据。现代工业设计中，已经有这样的共识：纯物质功能的创作活动是没有市场的；不考虑人机工程学的需求，那将是失败的创作活动。优化“产品”与人相关的各种功能，创造出与人的生理和心理机能相协调的“产品”，这将是当代工业设计中最重要的课题。人体工程学的原理和规律在此提供了创作依据。

代表着未来设计方向的绿色建筑——2010年上海世博会西班牙馆。

人—物—环境关系图

环境

为设计中的“环境因素”提供设计准则。通过研究人体对环境中各种物理因素的反应和适应能力，分析周围环境中的声、光、热、振动、尘埃和气体环境等因素对人体的生理、心理以及工作效率的影响程序。只有先确定了人在生产和生活活动中所处的环境的舒适范围和安全限度，保证了人体的健康、安全，才能使之达到合适与高效的目的。

任何时候都不可分而论之的人—物—环境，这三个层次是人机学中最重要的三点支撑。大而言之，这也是人存在于自然社会中的最本质的关系，人机学将为我们解决这其中的种种矛盾。人类当下面临的棘手问题，也就是这三者如何进行平衡的问题。在不伤害自然的前提下，如何能生产出让人舒适地使用的产品，正是当代设计所追求的理想化目标，虽然步履艰难，但人机学将是一盏明灯，为所有的设计者提供一种可能的前提与良好的指引。

第二章
桌子的死角——身边的设计

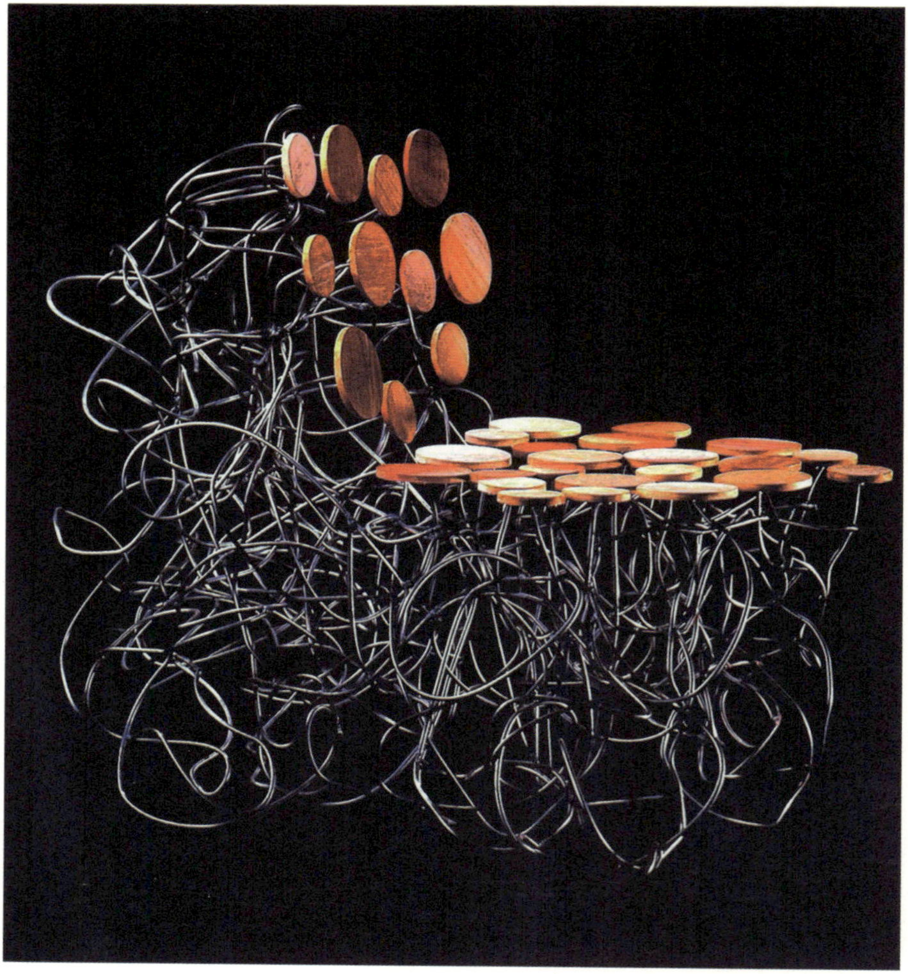

线和面组成的椅子

纽约的“坎帕纳兄弟”设计师二人组（The Campana brothers）

中国古代的明式家具中就包含着最朴素的人机工程学原理。

你可能会问，设计所参照的那些标准是由谁规定，又是如何得到的呢？简单地说，这些标准来源于一些数据，而这些数据就在我们每个人身边，它时刻伴随着我们，并且也发生着变化，这便是人体的尺寸、神经及感觉等各项功能所产生的数据。

对人体尺度进行测量，也许对我们来说是陌生的，但对它的应用给我们的生活带来的变化，我们却是再熟悉不过了。我们随便在一处咖啡馆坐下，轻倚于椅背，将双肘放在扶手上，一手托着咖啡杯，一手轻轻搅动，眼望着窗外的街景……所有这一切的动作，如果你丝毫不会察觉哪里有不舒适的地方，那么我们可以说这个咖啡馆的设计是宜人并符合人机工程学的，因为这里面至少运用到了几十项以人体数据为基础的人机工程学知识。

舒适的咖啡馆

桌子的死角

生活中，你是否留意过经常使用的桌子表面，总有个角落堆积了厚厚的灰尘，而放在这个角落的文具，你也不愿去使用它？它就是桌子的死角。这个死角来自于我们手臂及肩的数据。右图中，虚线大圆弧区域里的部分是人的手臂在平面状态下最大的活动范围，在人机工程学中，称其为作业域；而其余部分则已超出了这个作业域，因此人坐在桌前若不起身，即便伸长了手臂也取不到这个范围以外的东西。桌角就在其中，久而久之，便落满灰尘。根据这一点，我们只需在此摆放些没必要挪动的物件，比如相框或招财的蟾蜍。

据此，我们很容易得到这个结论：无论桌子再大，我们所能够方便使用的区域其实只是一个固定的范围。具体来说，一个长度为 1.5 米、宽为 0.5 米的桌子已经完全能满足一个成年人的所有需求，而在长度为 1.2 米、宽度为 0.4 米的范围内便是双手最为舒适的区域。将这个专业术语中称为“正常作业域”的地方尽可能空置，不放任何杂物，可以使我们的双手更方便地在其上进行工作。

这为室内与家具的设计提供了重要的设计参考。当空间有限时，为了提供更大的作业空间，同时节省占位，便可以将桌子沿着手臂作业域的弧度设计成半圆弧形状，以达到最大利用率。与此相反的，反向圆弧形则大大减少了作业空间，如圆形桌子……

令人迷惑的是，虽然有了上面我们熟悉的设计物品，我们在生活中仍然能看到尺度异常大的老板桌、巨型书柜甚至是高得顶到天花板的

Bauhaus 代表人 Josef Albers 设计的多功能家具。

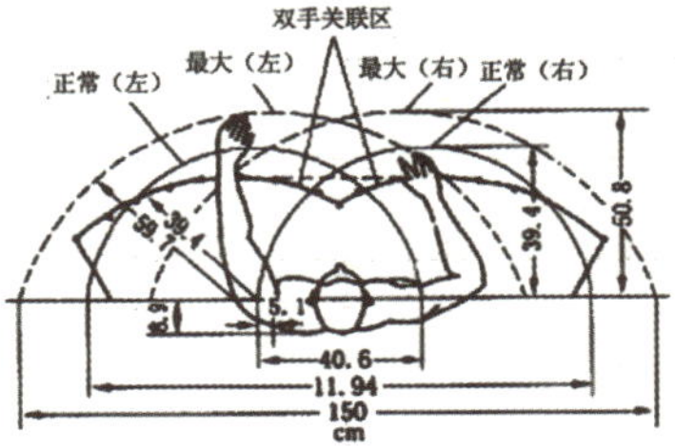

手臂作业区域弧度设计图

橱柜……这对于我们来说都是一种超经验的体会，它们已远远超出了我们所需用的最大作业范围。其实原因很简单，这些器物多出来的部分与使用毫无关联，只是为了满足使用者的心理需求与追求，在体现身份、地位或者文化观念上起了相当大的作用。

危险！高处的落物

或许你对这样的场景非常熟悉：一个小孩子站在凳子上伸手去够放在高处的物体，随之，危险发生了……我们在生活中也常常听到这样的事情。据北京儿童医院统计研究结果显示，4—6 周岁的儿童最容易发生这样的“家庭坠物伤害”，一旦发生了这样的伤害，后果往往难以估计。

其实日常生活中，人们随时都可能需要去取够高处放置的物品，不过这种取够是有差异的。最容易导致危险却又最容易被忽略的关键在于：你做出取物动作的同时，是否能看见你的目标物体。

你的手摸得到的高度是一回事，摸得到同时又能看得到的高度则是另一回事，前者我们称其为摸高，后者则可以称作可视摸高。我们当然不想让危险发生在家人身上，所以在订制家具的时候，设计师往往会给出建议：橱柜、书架、置物架等常用范围的最高一层，女性常用时往往不超过 150 厘米，男性常用时最好不超过 160 厘米。

智慧树书架

西班牙设计师霍尔·迪米拉（Jordi Milà）设计了这个智慧树书架。米拉说：“对于那些把书本看成知识和情感来源的人来说，智慧树书架就不只是一个简单的装饰品。流线和有机的造型设计来自于植物的外观。书架上的书代表了智慧树结出的果实。”

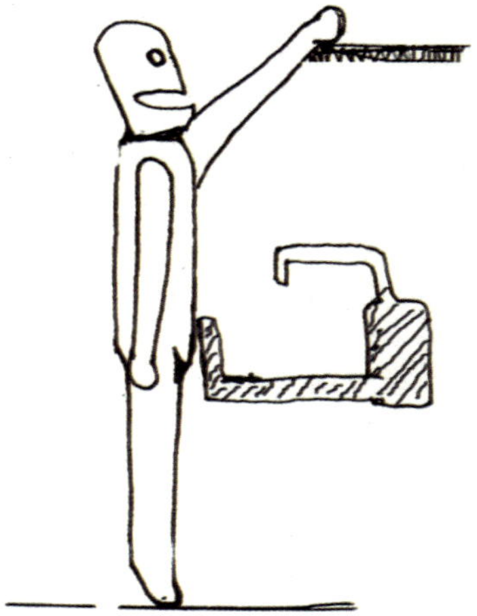

高处取物示意图

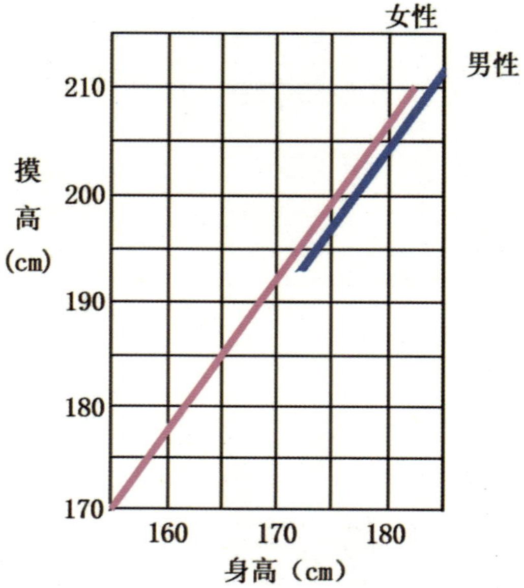

男女身高与物品高度对应图

当然，这个数据来自于中国大多数人的身体尺度数据，不同的家庭成员和使用者，本身身高不同，这个数据也可以发生变化。

与此法则相类似的是，弯腰去取较低处的物品时，为了让视线的范围达到最大，可以将矮柜的隔层式设计改为抽屉式，以便更方便取物。无论如何，安全与舒适永远是设计所追求的至高标准，这也是有人体尺度数据存在的理由，一切设计都要以此为出发点，达到最佳的人性化效果。

无论如何，安全与舒适永远是设计所追求的至高标准，这也是有人体尺度数据存在的理由，一切设计都要以此为出发点，达到最佳的人性化效果。

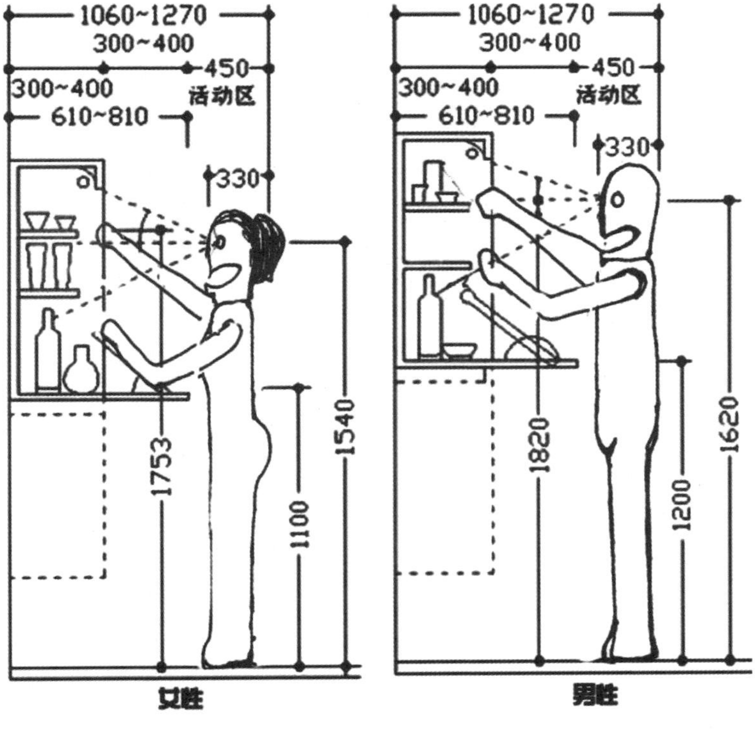

男女高处取物距离范围图

脊椎，你伤得起吗？

时下的室内设计中，宽大的沙发、床式座椅异常流行，尤其是对于宅一族和喜爱蜗居的女性们来说，这样的沙发让人直接产生了对舒适生活的美好畅想，颇显浪漫悠闲。但很多人在使用这样的沙发时，遇到一些问题，每每脚能踩到地面的时候，背部总是不能很舒服地靠在沙发上，而是与靠背形成一个三角形的夹角；而当背部完全靠在沙发里时，腿则悬空了，不得不干脆将双脚也放在沙发上。这样看似悠闲了，殊不知，这也是隐患的开始。不仅仅是在较正式场合下，这两种坐姿都不怎么雅观，更重要的是，对于你的腰椎这就像是一场劫难。医学研究数据显示，当人呈各种坐姿时，腰椎受力最大的状态就是稍稍弯曲的时候，这恰是人们通常所认为最轻松的姿势。当背部斜靠在沙发上时，虽然腰部与沙发形成空间，但背部有支撑，所以不容易感受到自己悬空的腰部在用力，但此时腰椎上所受的力，是本身体重的1—2倍，也就可能会达到100—150千克，受力的几节腰椎的负荷可想而知。随着上肢进行活动，用力加大，加之于腰椎这几节脊椎骨上的力量还会成倍数增加。想象一下，你的腰背负着1—2个身体的重量，你还伤得起吗?

第二种情况，盘腿坐在沙发里时，脊椎总会向某一侧倾斜，很难达到平衡，这种习惯久而久之，会使脊椎侧凸的苗头出现。脊椎侧凸现

现代家庭中常见的过于宽大的沙发可能是脊椎侧弯的元凶

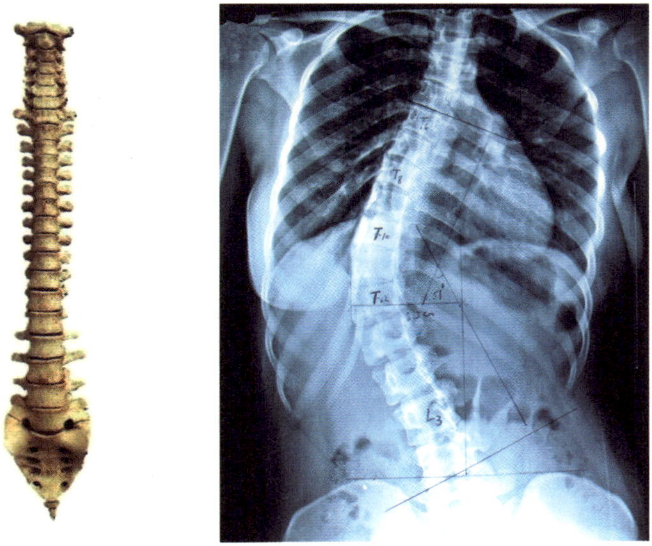

正常脊椎与侧弯脊椎

象是发育中的青少年很容易罹患的病症，一开始可能侧凸很轻微，但这种弯曲会随着年龄增长而加大，最终可能发展到严重影响行动的程度。据新加坡对青少年的一项调查显示，患上脊椎侧凸的孩童比例非常大，人数也正逐年增加，并且女生人数大大多于男生。在每 100 个 11—12 岁的女孩中，就有 1.4 个患有脊椎侧凸症。在我国，儿童时期脊椎健康还没有引起太多的关注，一旦发现，家长也不会向教育机构去追究责任，所以隐患可能更大。看一看已经是成年的人群就会发现，大多数人多多少少都有着这类的困扰。

对成年人来说，脊椎不平衡的表现有时会被误认为是其他病症。你可以先检查一下自己的鞋子，脚后跟的地方如果被磨得高低不平，如果不是因为双腿长度有差异，那便是因为沿着脊柱长轴压力的不均衡造成的。有时，你可能在一段时期内常感到疲劳，精神不能很好地集中，并简单地认为这只是身体正处于亚健康状态。其实，有时这种现象只是因为脊椎半脱位或者颈椎不适而影响了大脑健康，因为脊椎不平衡，让你不知道为什么变得疲惫，耗尽你的能量。半脱位的脊椎还会影响你的神经内分泌系统，神经内分泌系统在抵抗疾病和防止传染的方面扮演着重要的角色，所以脊椎的不平衡还会降低人体对疾病的抵抗能力。

当然，这并不是说一切都是沙发造成的。青少年的脊椎侧凸问题，跟桌椅高度、形态以及自身的坐姿必然是有一定关联的，不良生活习惯和不良设计会令人疲惫不堪，教育机构应该根据学生身体的普遍数据来选择或者设计合适的课桌椅，在这个基础上才能培养学生养成良好的习惯。

在生活中，如何避免更糟糕的情况发生呢？首先要选择有利于健康的家具，若脊椎与靠背的夹角仍然存在，最好的办法就是让腰背部在

曾获得德国红点设计奖的 Bouroullec 沙发

通常情况下，设计任何产品都要适当地考虑是否符合了功能尺寸的要求。

坐着的情况下得到足够的支撑，行、立或坐的时候保持脊椎的挺直与平衡是最大的减轻身体压力的办法。“立如松，坐如钟”，老祖宗的训诫是不无道理的。不要留恋那些过于柔软的靠垫和大枕头了，看似舒服的它们，却会因不能起到足够稳固的支撑作用而使我们久坐或者久卧时叫苦不迭。

设计中要考虑的手指的长度

数据的意义

设计所参考的数据具有针对性，针对某个人或者某个群体（包括国家、民族等）的准确数据，需要通过大量的测量和统计，得到他们的特征和尺寸、个体间差异、分布情况及规律等。

这些尺寸一般分为两种，第一种是人体构造上的尺寸，或者称“静态尺寸”，另外一种是人体功能上的尺寸，称为“动态尺寸”。因为一般来讲，设计一件产品的时候，只考虑其静止不变的数据是不行的，人体经常会处于活动状态，而人体各个部分必须协调合作才能使人体正常动作，不可分开独立工作。一个部分的活动必然带动身体其他部分的联动，例如，手臂的长度并不能代表手所能触及的范围，它同时也受到肩的运动和躯体的旋转、背的弯曲等影响。因而在通常的情况下，设计任何产品都要适当地考虑是否符合了功能尺寸的要求。

人体的测量数据是相当浩繁的，它们各尽其用。比如在室内设计中，最有用的几项人体构造上的尺寸，分别包括身高、体重、坐高、臀部至膝盖长度、臀部的宽度、膝盖高度、膝弯高度、大腿厚度、臀部至膝弯长度、肘间宽度等。工业设计中，则要将人的肢体细部数据与握力、肌力等物理数据相配合使用。那么这些数据如何使用呢？人们在长期的实践中总结了一些法则，从下面的表格中，可窥其原理。

随着社会的进步，关于人体的测量，不断有新的项目增加进来。传统上讲，人体的物理数据是设计的重要参考，而在当代设计中，人的生理及心理方面的数据越来越体现出其在设计中重要的引导作用。更全面的人性化理念，仍是当代设计的趋势，也是中国设计师亟待提高的方向。

数据名称	测量标准	设计参考	注意
身高	人身体直立、眼睛向前平视时从地面到头顶的垂直距离	确定通道和门的最小高度；确定人头顶上的障碍物高度	适当补偿鞋跟高度
眼睛高度	人身体直立、眼睛向前平视时从地面到内眼角的垂直距离	确定在剧院、礼堂、会议室等处人的视线；布置广告和其他展品；确定屏风和开敞式大办公室内隔断的高度	这个数据需加上鞋跟的高度，男子大约需加 2.5 厘米，女子大约需加 7.8 厘米。还应该与脖子的弯曲和旋转以及视线角度数据结合使用
肘部高度	从地面到人的前臂与上臂接合处可弯曲部分的距离	确定银行柜台、前台、案台、工作台、梳妆台以及其他站着使用的工作表面的舒适高度；最舒适的高度是低于人的肘部高度 7 厘米左右；休息平面的高度大约应该低于肘部高度 2-4 厘米	确定高度时还需考虑活动的性质
挺直坐高	人挺直坐着时，座椅表面到头顶的垂直距离	确定座椅上方障碍物的允许高度；双层床、搞创新的节约空间设计；利用阁楼下面的空间吃饭或工作；办公室或其他场所、火车座位、饭店等处的隔断	考虑座椅的倾斜、座椅软垫的弹性、衣服的厚度以及人坐下和站起来时的空间
肩高	从座椅表面到脖子与肩峰之间的肩中部位置的垂直距离	为机动作业车辆中紧张的作业空间的设计提供依据，另外有助于确定出妨碍视线的障碍物	考虑座椅软垫的弹性
肩宽	是指两个三角肌外侧的最大水平距离	确定座椅间距；确定公用和专用空间的通道间距	夏季薄衣服附加 7.9 毫米，冬季厚衣附加 7.6 厘米；由于躯干和肩的活动，两肩之间所需的空间会加大

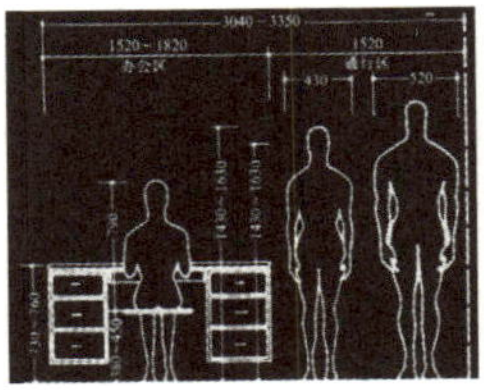

数据名称	测量标准	设计参考	注意
坐着时眼睛高度	是指人的内眼角到座椅表面的垂直距离	确定视线和最佳视区要用到这个尺寸，包括剧院、礼堂、教室和其他需要有良好视听条件的室内空间	考虑头部与眼睛的转动范围、座椅软垫的弹性、座椅面距地面的高度和座位的调节范围
大腿高度	从座椅表面到大腿与腹部交接处的大腿端部之间的垂直距离	设计柜台、书桌、会议桌、家具及其他一些室内设备的关键尺寸，这些设备都需要把腿放在工作台下面。尤其是有直拉式抽屉的工作面，要使大腿与上方的平台之间有适当间隙	同时考虑膝盖高度和座椅软垫的弹性
膝盖高度	从地面到膝盖骨中点的垂直距离	确定从地面到书桌、餐桌、柜台底面距离的关键尺寸；尤其适用于使用者需要把大腿部分放在家具下面的情况	同时考虑座椅高度和坐垫的弹性
正常坐高	是指人放松坐着时，从座椅表面到头顶的垂直距离	确定座椅上方障碍物的最小高度；进行多储式节约空间设计时下部空间的高度确定；确定公交、火车椅背隔断高度	考虑座椅的倾斜、座椅软垫的弹性、衣服的厚度以及人坐下和站起来时的空间
垂直手握高度	人站立、手握横杆，然后使横杆上升到不使人感到不舒服或拉得过紧的限度为止，此时从地面到横杆顶部的垂直距离	确定开关、控制器、拉杆、把手、书架以及衣帽架等的最大高度	适当补偿鞋跟高度

身体各部测量标准和设计参考表

够得着的距离

设计所依据的数据，通常在测量之前便会先行进行分类，使我们不会陷于浩如烟海的庞杂数据之中无法自拔。而且依照我们社会的约定俗成，通常已经先行对其进行了分类，比如按照阶层、身份的分类，按照知识水平结构的分类，按照收入的分类等社会学意义上的分类。而在人机工程学所关注的范畴里，更加关注人本身，也就是对人身体的特征分类，这些特征与以下因素相关：人种、生活地域、性别、年龄、健康状况等，再根据具体设计所涉及的目标对象来选择将会使用的数据组。

我们来举一个简单的例子。一所幼儿园在规划建设前，会使用到一些数据，这些数据包括：建筑物的楼梯高度、栏杆扶手的尺度、窗台高度；室内桌椅、床的尺寸，物品架摆放的高度（小朋友可自取或小朋友不可取）；室外游乐设施的材质与尺度……因为主要是供儿童使用，这些生活中看似很平常的东西在设计上显然与一般的规划有所不同，它需要特别考虑到儿童的特征和需求，尤其是安全保障方面。

一层以上教室走廊的外侧，按照通常的标准，可设计成 1.2—1.3 米的实心墙栏，这样虽然比使用栏杆安全，但绝大多数小朋友的平行视线被矮墙挡住了，看不到更多的远景，容易造成压抑的感觉。相对来说，如果做成全封闭式的墙体并进行大面积墙绘，或者安装玻璃幕墙，都会是更好的办法，会更加关注儿童的心理感受。

回到刚刚说到的数据的选择问题。统计学中把所要研究的全体对象称为“总体”，把从总体中取出的许多个体称为“样本”。在这个幼儿园

错落有致的组合柜是孩子们的最爱。

按照幼儿身高设计的置物架

的规划中，所有可能入园的儿童的身体测量数据就是“总体”。单位幼儿园的总体就是这个单位里所有的适龄儿童，如果是以小区幼儿园为例，那么对象则是小区的适龄儿童了，以此类推。设计者随机或者自主从这些儿童中抽选一部分，进行身体数据测量，这便是“样本”。

当然，在实际中，并不需要我们真实去测量这些数据，官方每隔几年会公布新的数据。

根据测量结果，不同地域尺度会有差异，比如中国北方的幼儿园跟南方的幼儿园，非洲、欧洲和亚洲的幼儿园显然是不同的。

测量数据有了，那我们要采用其中的哪一个作为设计参考呢？和通常的数据统计不同，在设计选材中，多数专家并不主张使用平均数，他们认为在这里设计应该遵循的原则是：“容得下的空间，够得着的距离”。

回到上文提到的幼儿园，让我们来看看如何设计一个合适的物品架吧。为了培养儿童从小自理的习惯，幼儿园的阿姨通常可让孩子们自取进餐时的碗筷，因此在幼儿园常见的物品架上可能会放置小朋友的碗筷。

根据事先测量到的数据，假设小班适龄儿童的身高从 80—110 厘米不等，根据肩高及手臂活动范围，那么幼儿园小班的小朋友所能方便够到的高度大概在 38—60 厘米。最终确定物品架高度的时候，根据“够得着的距离”原则，选择所有数据中偏小的一个，将架子做得矮一些，这样保证了大多数小朋友可以轻松拿到自己的碗筷。

“百分位”数

这种“够得着的距离”原则一般在设计家具、服务台、操作台等时常常用到。当我们走进银行，几乎所有人都能轻松将手肘放在服务台上，女性可以如此，身材矮小一些的顾客也可以，这正是因为在高度设计上选择了较小的数值的结果。

从专业上讲，我们通常称这个数值为“百分位”数，越小的百分位代表着越小的尺度，越多人可以使用。通常设计者会选择第 5 百分位作为参考值，也就是每 100 个值中，从小到大排列的第 5 个。反之，当我们需要设计“容得下的空间”的时候，则要使用第 95 百分位的数据了，这保证了每 100 个人中至少有 95 个人能顺利通过，比如：门的高度，无论普通居室门或者公共场所的门，国内室内门的高度都在 2-2.2 米，正是考虑到要让多数人可以通过，而选择了几乎接近最高的百分位数。这种选择方法在空间的设定上最为常见。电影院座椅的宽度就是为了使观众能舒适地欣赏电影，而根据人的肩宽数据设计的。在日常的交通工具上，我们也能发现这一原理的进一步运用，如火车、飞机上不同价格的各种舱位级别。

从经济舱到头等舱，为了这小小尺寸，我们往往不得不付出更多的代价。除去服务因素的影响，这些不同舱位级别的最大区别在于座位的尺度和相互间隔的大小会给旅客带来极其不同的身体体验：经济舱——可接受，商务舱——舒适，头等舱——享受……这种不同的舒适度也随着社会进步而不断改进。比较一下几十年前的火车标准座和如今的动车普通车座位，我们能清晰地看到，整个社会正在向着设计更加人性化的目标不断迈近。

从上面的例子来看，人们也很容易理解为什么选取数据的时候不能使用平均数的原因，因为一旦这样做就意味着会不适用于相当一部分数据所对应的人群。比如以平均身高尺寸来确定门的净高，这样设计出来的门会使 50% 的人有碰头的危险。又或者，座位舒适的最重要的标准之一是使用者的两腿不会悬垂在半空，脚要稳妥地踏在地板上，大腿软组织才不会过分受压，导致双腿因坐骨神经受压而麻木。假设小腿至脚的长度（包括鞋）的平均值是 46 厘米，若以此为依据，则设计出的椅子会有 50% 的人脚踩不到地，女性的腿一般较男性短，使用时会更不适。

奢华的波音 777-200 LR 头等舱

人类的第一台可移动办公椅

人体尺寸在应用中，除了上面所说的极限设计原则外，设计还要优先采用可调式结构，以适应不同身体形态的使用者。调节范围应在第 5 百分位到第 95 百分位之间，比如汽车座椅离转向盘的距离、办公椅高度等。可调设计的出现也是人类设计史上的里程碑。

另外要特别说明的是，人群里总会存在特殊情况，总会有那百分之几是在设计产品关照范围之外的，但绝大多数人还是会被照顾到。所以，如果你不是姚明，就请放心享受我们现有的设计世界吧！

人类的第一台可移动办公椅来自英国。为了方便办公，设计师在办公桌前的地面安装了轨道，这样椅子就可以在桌前左右移动，大大提高了办公效率，现在看来颇为有趣，但正是这样一种看似笨拙的设计，作为可调设计的先驱，为后世设计师打开了一扇门。

眼睛消受不起的天堂

时下正流行一种用于游戏的超宽屏幕，或者是将一个界面进行分频显示以达到宽屏的效果。正如我们所了解的，人类总是不断地挑战着自身极限，这一次又是什么呢？的确，那就是视觉。

当婴儿睁开眼睛，第一次看到世界的样子，便打开了获得信息的一扇大门。视觉，是人获取信息最主要的方式，远高于听觉、触觉、嗅觉、味觉其他几种感觉数千倍。

进入影院，你会发现电影的屏幕越来越宽，甚至出现了震撼试听的 IMAX 超宽屏幕。为了符合新型影片的拍片要求，摄制规格也随之不断改变：摄影胶片由传统的 35 毫米增加到了 70 毫米；加大了胶卷齿孔以增加进光量；过片速度也从以往的每秒 24 格加快到现在的 166 格。正是有了这些技术支持，人类越来越接近视觉的天堂。然而这个天堂不是无限的，最消受不起的，不是技术，而是眼睛。

首先让我们来谈谈视野。所谓视野，物理意义上是指眼固定注视一点时所能看见的空间范围。人受身体构造所限，使我们的视野也局限在一定范围内。当你站在很大的穹窿幕前，会觉得眼睛不够用，看到了一部分，另一部分又很难注意到，正是所谓的目不暇接。所以，即便是科技可以做到，宽屏还是会达到它的终极，也就是人类视野的临界值。

通常来说，当人固定头部而不转动眼球的时候，所能看到的水平角度大概是 190 度，垂直角度是 120 度，眼眶及上下眼睑起到阻挡我们看到更多事物的作用。所以从容貌上来看，相较于亚洲人，欧洲人深陷

NEC-crv43 宽屏显示设备

入眼眶内的眼睛，似乎被阻挡得更多。事实也正是如此，一般来说欧洲人的视野比亚洲人稍小 5—10 度。

说到视野，人远远无法与自然界中的某些动物相比，比如青蛙在长期对抗危险环境的进化中，形成了长在头顶部的眼睛，几乎能看到 360 度的范围，更敏锐机警。

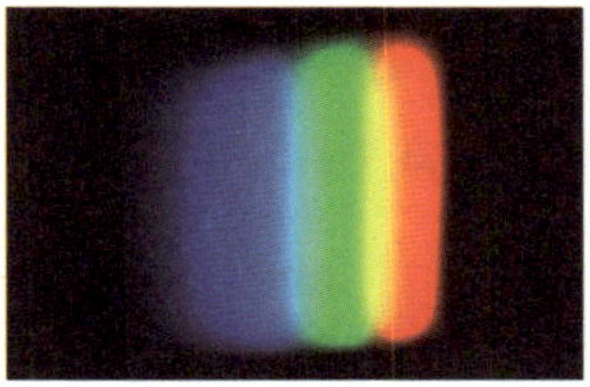

光线被分解后会形成七彩的色域。

人眼也会“挑食”

人类绝不是动物家族中身体行动的专家，但却是不折不扣的心理体验的专家。通过对视野的进一步研究，我们发现，视野不是在所有情况下都是固定不变的，它会随着很多被视物体客观因素的变化而改变，比如形状、亮度等。而所有因素中，对视野影响最为显著的，就是色彩。研究发现，色彩是不同颜色物体对不同波长的光产生反应的产物，而人的视觉对每一种不同波长的光的刺激感觉是不同的。这就是说，人眼原来也会“挑食”——在各种颜色中，有更易分辨或者引起注意的颜色，相对也就有不容易引起注意的颜色了。

站在相同的位置面对同一墙面，人们惊奇地发现：涂上不同的颜色，观察者所能看到的面积范围不仅不同，而且还相去甚远。如上图所显示的那样，白色是产生最大视野的颜色，紧接着是黄色和蓝色，而产生最小视野的是红色和绿色。

换句话说，白色墙壁的家庭环境与面积相同的绿色墙壁的家庭环境相比，人们会觉得前者的空间大得多。正是因为白色让身处其中的人的视野得到最大的体验，看到最多的东西，在感觉上自然就会觉得宽阔。我们在墙上挂一排装饰品，白色墙壁为底色时，我们可以看到全部，换成绿色为底色时，位于两端的装饰物就很难被看到了。

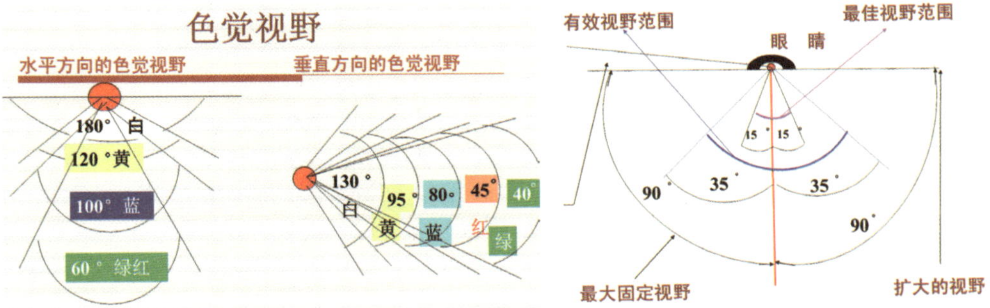

视野范围变化图

同时，无论是何种情况，我们的视野越接近临界点，对形状、色彩的判断就越模糊；反之，越是集中在视野的中部则观察越清晰、容易。垂直向上 30 度到向下 40 度、水平左右各 30 度的范围内，人眼球的转动最为轻松，此时眼球对字及字母，色彩及形状的辨识度也都处于最佳状态，这个区域是人的最佳视域。随着人站立或者坐姿的变换，最佳视域所对应的位置也会发生相应改变。

有了这个标准，我们在设计中很容易确定一些东西。例如：家居客厅中的电视高度，就可根据视野数值及人处于坐姿时的眼高来确定，其底边通常距地面不超过 70 厘米，这同时也能让颈椎有较好的舒适度（人眼在观察稍低于水平视线的物体时是最舒适的状态）。又如街头广告中主要字体所在的位置、商场 POP 招贴的高度设置等，只要符合观看者的最佳视域即可，只不过要注意在设计有限距离内的视觉传达产品的尺幅方面，应该最好不要超越人的一般视野范围，以免引起不适。

面对高速发展的现代社会和越来越没有耐性的观众，挑战消费者们的视觉临界点无疑是不高明的，所以设计师应该预先考虑观众可能的观察点，根据这个观察点，去设置被视物的尺度、位置，利用最有利的色彩去突出主题。有必要的时候，也可以利用人为手段去引导观众进入最佳观察点。无论在室内或者户外，让设计中最精彩的、最想传达的部分处在观众的最佳视野范围内，永远都是设计的至高原则。

最佳的展览推荐行走路线

被冷落的画作

处在如今的城市生活中，你常会被各种各样的展览如画展、艺术展、车展、博览会等包围。在这些展览上都会有一个相同的现象，那就是总会有一些展览品很少被人浏览到，或者直到最后才被注意到，并且这种忽略跟展览品本身并无关系。那么，为什么会有这样的现象呢？通过研究和统计，这部分被冷落的作品往往都布置在刚入展厅的其中一侧，或左或右，其中又以右侧的被忽略几率稍大一些。结果在展览中，谁也不愿意将自己的作品放到这种无人欣赏的死穴，这真是个困扰着参展人的大问题。

那么让我们先来搞清楚产生这种现象的原因吧。如后页观展路线图中所示，人在空间中的流动有一定规律，参观者从进入这种穿过式展厅，选择了右侧或者左侧进行参观，一直浏览到展厅的另一端后，便很少有人愿意再回头参观遗漏掉的那一侧了。有学者认为这是出于人总有“走捷径”的习惯。

观众在典型的回形穿过式展厅中的行为模式与其在商业步行街中的行为十分相仿。观众一旦走进展览室，会在头几件作品前停留较长时间，然后逐渐减少停顿的次数直到结束观赏活动。由于运动的经济原则（少走路），一般只有少数人完成全部的观赏活动。

人的这种行为习惯会直接影响到展厅中不同展位的展览效果。所以对于参展人而言，选择一个好的位置是有一定技巧的。观众一进入展厅时所选择的左侧或者右侧的路径，可能最终决定了你的展品是否被先浏览到，而选择左侧或者右侧往往取决于处于入口两端的作品哪一边更能够吸引目光。所以，有时跟优秀的作品处在同类的位置，也并不一定都是坏处。

这个原理在商业区域中的应用可能更为灵活。在一些大型商业区域中，人们不可能浏览到全部，而众所周知的一个道理就是：处于入口的商铺租金总是最贵的。正是由于会首先被人们看到，从而拦截了一部分客源，处在末端的商户可能在没有任何商品对比的情况下，已经失去了很多机会。

为避免这种情况升级，在最初设计商业环境的时候，可以用到一些手段：一是多入口设计，分散主入口的人流，让人流分散于整体商圈中。二是强制线路，常见于一些超市为了增加销售而设置，虽然并不提倡，但在设计时可适当地闭合一些通道，形成半强制线路，让人流适当回流亦是可行的。要知道，过于开放的场所有可能引起混淆，反而令人无所适从，大多数人都希望在自然的情况下能浏览到更多的物品。三是适当导流，在区域与区域之间设置一些景观，醒目的广告及展位以吸引人前往，引导人流进入不同的区域。同时这样还能使行进有了节奏感，让人适当休憩。

在展览厅中，相对于商品，每件作品都更加珍贵，展厅的设计引导更为重要，浏览线路的设计更要费一番心思了。

一位学生曾问我关于展位方面的问题：“不是说左侧通行吗？为什么我的展位在入口的左边，但展位中的人那么少呢？”

来到他的展位面前，看到他的作品漂亮而大气，但是我想，他忽略了一个重要的问题：他的作品虽然在入口处，却并没能让人第一眼就看到，而是走进展厅后必须向左后方转身才能看到，这个转身，参观者很可能是在已经看过展览前言，或已经放眼浏览了很多作品之后，更可能是已经产生了向某个作品走过去的冲动之后……此时，新鲜感已损失了一半。所以，亲爱的同学，如果你已经考虑到了人的行为机制，不妨考虑得周全一些，若你的作品足够优秀，就把它放在第一眼就能看到的地方吧，好的作品不应该失去好的展位，因为每一场展览都需要有高潮。

中华艺术宫（原上海世博会中国馆）就设置了多个出入口。

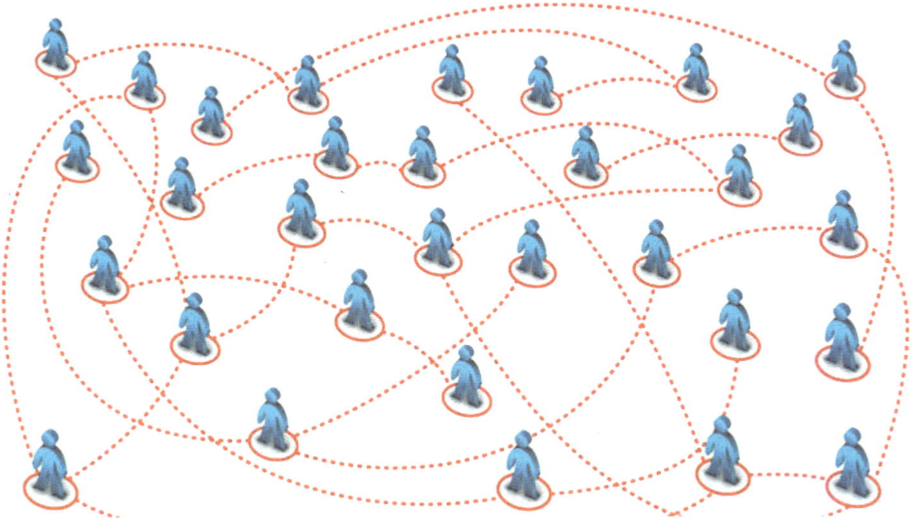

观展路线图

看展览时面对众多的展品，怎么走是个大问题。

向左走，向右走

向左走还是向右走，这并不算是一个困扰，人们总是在出门的那一刻就下意识决定向左走还是向右走，即便是在事先没有决定的情况下。这也是一种习惯，很奇特的是我们在统计中发现，大部分人更喜欢向左走。我们称这种奇特的行为机制为“左侧通行”的习惯。人们在陌生的城市或者路段行走，遇到路口的时候，更多人向左拐弯，很多人会在下一路口继续向

1. 49% 的观众仅通过左 面或右面的展墙。

2. 12% 的观众通过右面或左面的墙，端墙和另一面墙。

3. 仅有 9% 的观众完成矩形展室的全部观赏。

4. 13% 的观众通过右面或左面墙和端墙。

5. 16% 的观众行为可分为无组织。

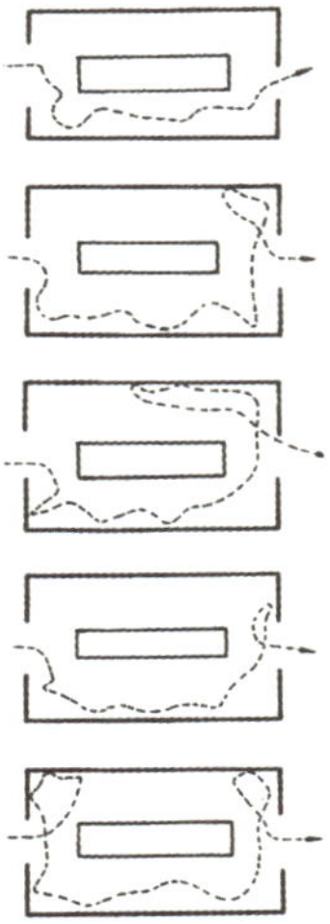

捷径效应

左，并一直向左。回忆一下你以往的经历，是不是也是这样呢？这是一种没有确切解释的行为习惯，但却是真实存在的，像这样的行为机制，还有很多。试着去了解它们，对我们在空间设计中有非常大的帮助。

人在空间中的流动与行为方式，有着很强的规律性，下图是一张公共场所中人群的分布图，很容易发现，人们在空间中的分布是颇有规律的。他们总是喜欢在关闭的门前聚集，并以室内的柱子、植物等固定物体为中心扩散分布。科学家们认为，这是人内在潜意识的自我保护机制在起作用，正如人围绕着柱子等待的同时，都是背向柱子、面向外界的。这是因为早期人类还处在原始恶劣的自然环境中时，人总是背倚着

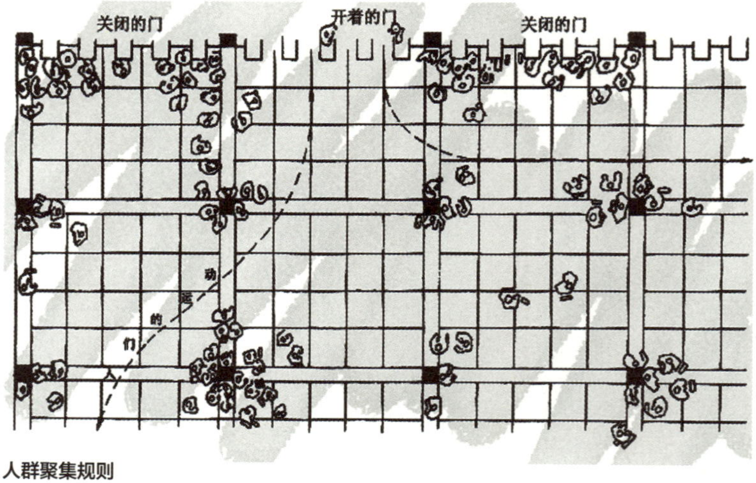

人群聚集规则

树木或者其他坚实的物体来观察环境或者与野兽交战，为的是确保眼睛看不到的背后的安全。这种行为在现今，则表现为完全暴露在公众视线中的尴尬和不安全感，这时候人所能做的，就是寻找掩体。

在人机工程学中，将这种分布模块中聚集在一处的人群称为“聚块”，聚块的自然分布方式称为“随意”，无规则的零星散落部分称为“扩散”。由此，在进行大空间的设计时，柱子的使用很重要。它除了在建筑的力学结构上起支撑作用、在视觉上增加层次感与空间感以外，在设计时也要考虑人群分布的心理特点。在等待时间较长的环境中，柱子的数量不宜太少，而在机场、火车站、银行等场所，更可以围绕着柱子设置一些影像装置，或者在空间中设置一些有宣传性的聚块点，比如书报亭、景观岛，来减少人群的乏味感。

接下来的这张图，是餐馆的座位分布图。在就餐时，人们似乎更愿意选择靠边的桌子而不是中间的桌子来坐，而接近门边或者正对着出入口的位置，鲜有人会优先考虑。

人在不同的空间环境下会有不同的行为特征，而这些特征在大多数个体上有惊人的相似之处。如乘电梯或者坐在飞机狭窄的舱里，人会不自觉产生一种危机感，认为“万一”发生问题会跑不出去。而这样的空间又断绝了人们与外界的直接联系，于是人们会对自己的生命产生强烈的危机感，从而感到不适。也有一些人对特殊环境的反应是具有特殊性的，比如幽闭恐惧症和恐高症，很多人有这样的情况。只是有的人情况严重些，有的人轻微些。

恐高，则是由于人类早已适应地面生活，发展出了新的平衡感，从而失去了在丛林高处随意跳跃攀爬的能力。这时如果登临高处就会引起血压和心跳剧烈变化，高度越高，心里的恐惧感会越重，就越担心栏杆的高度、牢固程度和一切安全措施，这时的衡量标准主要是人的心理感受。

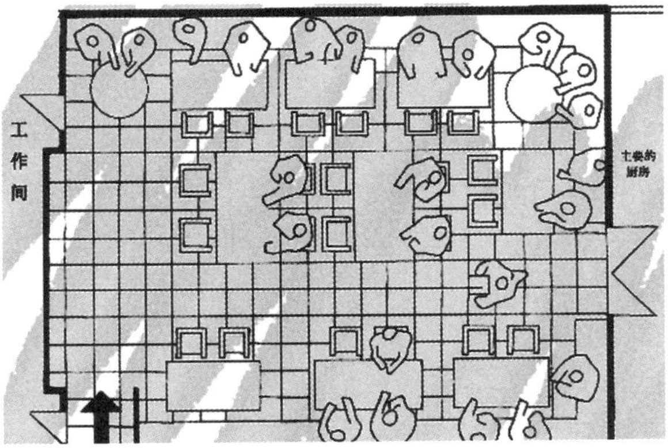

公共场所人群聚集规律

总体来说，在公共或非私密空间中，人的自我保护和防备心理总是占上风，人类的种种行为模式与空间的构成有密切的关系。最早推动这类研究的是学者费思汀格（Leon Festinger，1919—1989）等，他们深入研究了空间的不同布局中发生的人际交流的类型。例如，他们发现那些位于住宅群体布局中央的人有较多的朋友，类似的情况也会在办公室、教室及其他空间中显现出来。而中国人在这个问题上也有自己的真知灼见，有些民谚就很精辟地阐释了距离与行为之间的关系：比如“远交近攻”、“三年见一见，杀鸡又下面；一日见三见，口水喷上面”、“远的香，近的臭”、“鸡犬之声相闻，老死不相往来”……诸如此类，倒是道出了一些“距离产生美”或者“不同距离产生不同行为”的真理。

人这种有机体的行为是相当复杂的，这种研究还会持续，它至少说明了人的行为不完全跟性格、内在认知、社会环境相关，跟空间环境也有密切联系，这使我们有机会实现从空间环境设计的角度去改善人的行为习惯的想法。不过，这还更多地需要设计师从生活现象中去总结和挖掘。无论如何，让人们获得基本的安全感是人性化设计的首要任务，真正让环境达到宾至如归的放松感，则又是另一种境界了，具体会在下一章中讲到。那么接下来，让我们再来深入了解一下在相对私密的空间中，人还会有哪些行为习惯吧。

公猫理论

一个朋友家中养了两只公猫，性格迥异，一只深沉而老辣，另一只单纯而多动，养的时间久了，朋友发现，两只猫形成了各自固定的活动范围，除了打闹的时候两只猫会打破界限，其他独立活动的时间里，老辣的那只占据了客厅的大部分，而单纯的那只总是待在客厅一角的一张小桌子和一个单人沙发区域内。有趣的是，这种划分，有时也会随着两只猫的关系亲密度的变化而变化，单纯的有时会去讨好老辣的，让它心情舒适，两只猫便可共享大沙发。一旦翻脸，又重回各自地盘。

这种普通动物的圈地现象也会在人类中存在吗？答案是肯定的，而且每个人都会有这种行为。

人虽是已经进化成了自然界中最不敏锐的生物体，但有些行为仍要从动物行为学来描绘，比如“领域性”。这一概念是从动物的行为研究中借用过来的，它是指动物的个体或群

狗等动物通过尿液的气味来标注自己的领域范围。

凶猛的雄狮

就动物行为而言，领域性仍然是动物无法摆脱的本能。

体常常生活在自然界的固定位置或区域，保持自己一定的领域范围，以减少无谓的相互竞争，面对异类或者同类对自己领域的挑衅，动物们会做出强有力的捍卫行动。人同样也具有“领域性”，这来自于人的动物本能，但这种“领域性”在长期的自然与社会进化的过程中，已经不再具有生存竞争的意义，更多保留的是对心理上的影响。

“领域性”更多地表现出不可移动的特点，它倾向于表现为一片被承认的属于自己的“不动产”，一旦被“闯入”，“不动产”的主人会产生强烈的不安感与危机感，而“闯入者”则将遇到不快。你的居所、宿舍里属于你的床和桌子，办公室中你自己的位子，或是住宅门前雨棚下的小块区域等，都是我们会主动捍卫的个人领域。

还有一个与“领域”非常相似的概念——个人空间。每个人都有自己的个人空间，它与“领域”不同的是，这个空间多表现出随着人所处位置的移动而移动的特点。每个人周围的空间，都具有看不见的边界，边界以内不允许“闯入者”进来。它随着人移动，还具有灵活的收缩性。

生活中，有相当多个人空间存在的证明。比如，坐公交车时只有你一个乘客，另一个乘客上车，却选择在紧挨着你的旁边位置坐下，你一定会感觉不适甚至头皮发麻。但在挤得像沙丁鱼罐头的公交车里，即便有人跟你背贴着背站立，你也不会过分介意。你的个人空间在这两个情景中出现了非常戏剧性的伸缩表现。同样，在与人交谈时或是在图书馆中、人行道上等地方都会出现类似的情况，人与人之间的密切程度就反映在个人空间的交叉和排斥上。

人际距离

基于“个人空间”的概念，研究设计心理的学者们总结了一套关于社会人际交往时人与人空间距离的原理与设计法则，对人际距离的细化和量化做出了分析。

美国学者霍尔通过研究指出：人与人之间在生活中往往存在着一定的距离标准。他把这种距离标准界定为四种：亲密距离、私人距离、社交距离和公共距离。更有学者将这种心理定式与距离要求更细致地划分成八种情况。心理定式与距离要求可作为结构形状设计的一个重要参照因素。

所有可能产生心理影响的人际距离问题，都来自于社会关系。不同的关系确定不同的距离。打破它，就意味着关系的变化。改变距离有时是改变关系的必要手段，有时是良性的，也可能是不良的。就拿办公空间中的距离关系来说，提供给每个办公人员适度的半分隔空间，可相互交流但又不易直接看到对方办公内容的距离，是最理想的距离。但在实际情况中，有不少办公场所里，大家在相当“亲密”的空间里办公，相互之间也没有遮挡，这可能是来

所有可能产生心理影响的人际距离问题，都来自于社会关系。不同的关系确定不同的距离。打破它，就意味着关系的变化。改变距离有时是改变关系的必要手段，有时是良性的，也可能是不良的。

即使是团队合作也需要理想的个人空间

自于主观意念很强的领导想要加强同事之间的情感、以培养团队精神之类的想法，看似团结无间，却丝毫没有照顾到个人的私密性，对提高办公效率并无好处。

不同空间性质，对人际距离有不同的要求。例如，不同层次与定位的餐厅，餐桌之间的距离越远代表了对客人私密性的关照程度越高，当距离不足时，利用软硬隔断也可以提高私密性；尤其是在公共场所的一些细节的设置上，距离尺度是不能忽略的问题，设计上应主动避免因距离问题带来的尴尬。

被遗忘的人群

对残障人士、老年人、儿童等弱势群体的关怀，并不是一个新鲜的话题。全世界范围内，究竟有多少残疾人是很难统计的，估计至少有5亿。据2006年中国的第二次全国残疾人（不包括香港、澳门和台湾地区）抽样调查数据推算，当时的中国残疾人总数为8296万人，已经超过全国人口总数的6%，而现在这个数字会更多。这着实是个令人惊讶的数据，有如此之多的残疾人生活在我们周围，但我们大部分人却几乎完全不了解这一类群体的相关信息，不了解他们的行为特点以及平时是如何生活的，他们更像是被遗忘的人群。

细心想来，占总人数6%的人群本不应该被人们忽视，造成这种忽视的原因有很多，但很重要的一点，就是在生活中几乎没有什么东西能提醒我们残障人士的存在和需求。我们可能总是在想，提高社会福利、利用公共资源对弱势群体提供帮助，是对他们最好也是唯一能提供的支援，但事实并非如此。我们还有一种重要的方式，那就是设计，并且再也没有什么比设计更能突出地体现这种人性的支援与关怀了。

来看一下残疾人的生活状况吧。在我国各类残疾人中，视力残疾者约有1233万人，约占残疾人总数的15%，他们最大的问题就是日常生活的料理。有许多盲人没有家人照顾，必须自己外出、工作、乞讨和料理生活。为了不和社会脱节，经常外出是必然的。最令盲人头疼的问题来了，他们常会在城市街道上因为视力缺陷的关系撞到头部。常见的导盲棍只能探到地面物体，而像招牌、交通路牌、建筑物拐角突起、卡

无障碍淋浴设计

车后车厢、空中悬挂物甚至城市雕塑等，都可能对他们的上肢与头部造成伤害。有很多被调查的视力障碍者表示，能完好出门、完好回家的情况只占少数，头破血流已是家常便饭。

而对占总残疾人数 30%、约 2412 万的肢体残疾者来说，也常遇到城市“篱笆”。尤其是下肢残疾或瘫痪需借助行走设备代步的那些残疾者，常常因为很多场所没有专用通道或者无障碍设计而带来行动的不便。虽然现代社会文明程度提升，残疾人得到更多的同情和关怀，人们并没有主动拒绝或排斥他们，但是我们的城市设施正在严厉地拒绝他们，使其处处碰壁。城市中无处不在的“篱笆”，让残障人士常不愿意出现在公众场所。所以他们更多地躲在大众视线以外，加深了与社会的隔绝，也让大众更难了解这一群体。近年来，残疾人精神健康问题也变得尤为突出，究其原因也是如此。

多方实施无障碍设计，是解决残疾人生活问题、为其提供方便的重要工程，是体现一个国家对弱势群体的关怀的重要表现，也体现了设计师的良心。

无障碍设计

无障碍设计（Barrier-free Design）这个概念始见于 1974 年，是联合国组织提出的设计主张。无障碍设计的主旨是：在科技高度发展的现代人类社会，一切公共空间环境，各类建筑设施、设备的规划设计以及产品设计等都必须充分考虑具有不同程度生理伤残缺陷者和正常活动能力衰退者（如残疾人、老年人）群体的使用需求，配备能够应答、满足这些需求的服务功能与装置，营造一个充满爱与关怀，切实保障人类安全、方便、舒适的现代生活环境。

无障碍设计首先在都市建筑、交通、公共环境设施设备上体现出来，例如，人行道上为盲人铺设的指示走道，有听觉提示的行人交通指示灯、触觉地图，为乘坐轮椅者专设的公共卫生间、公用电话，兼有视听双重操作向导的银行自助存取款机等。

除了城市公共场所的无障碍设计外，所需人群工作、生活、娱乐中能用到的各种专门提供便利的器物与产品也是无障碍设计的重要推广内容。总之，无障碍设计的理想目标是消除社会对弱势群体的樊篱，让每个社会中的人的生活都可以实现真正的“无障碍”。无障碍设计观念从关心人类弱势群体的角度出发，比一般性设计具有更高的对人性化的理解和精神层面的关照，它推动着设计总体层次的发展与进步，使人类造物更趋于亲切、合理和人性化。

目前，大多数国家都发布了相关法律法规来规范无障碍设计，现在国际通用的无障碍设计标准大致有六个方面：一、在一切公共建筑的入口设置取代台阶的坡道，其坡度应不大于 1:12，即台阶高度与台阶长度的比值）；二、在盲人经常出入处设置盲道，在十字路

无障碍设计可以出现在任何地方，甚至一个小小的坡地就是一片关怀。

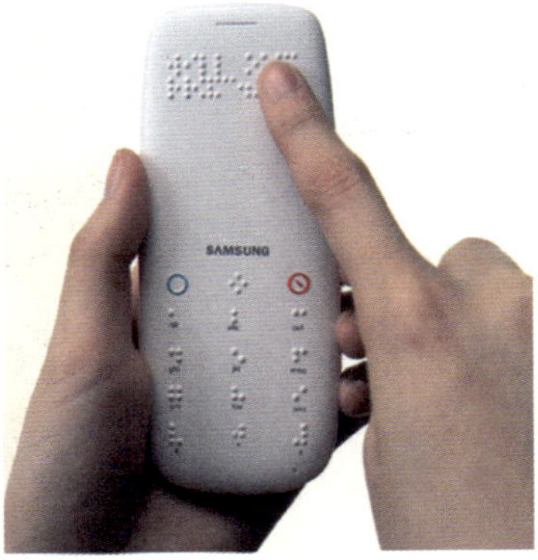

三星生产的盲人专用手机

由亚米·海因(Jaime Hayon)为儿童、老人和残障人士设计的椅子

口设置利于盲人辨向的音响设施；三、门的净空廊宽度要在0.8米以上，采用旋转门的需另设残疾人入口；四、所有建筑物走廊的净空宽度应在1.3米以上；五、公厕应设有带扶手的坐式便器，门隔断应做成外开式或推拉式，以保证内部空间便于轮椅进入；六、电梯的入口净宽均应在0.8米以上。

随着这些标准的推行与普及，将会有更多的新建场所为残疾人提供方便。但仅仅如此还是不够的。无障碍设计与人机工程设计一样，都是跨越了很多领域的边缘学科，所研究的目标人群有集中特征。在我们已有的设计中，还有许多细节是我们需要进一步认知的。

无障碍设计并非只是专为残疾人群体设计的，同时也是为老年人、幼儿等能力有限的群体设计的。为了体现商品的方便实用性质，更多的现代设计理念是把这类产品的设计变为一种“多通道”的共用产品，让它既满足残疾人群的需求，又能适应所有产品使用者的需要。

实现这种“多通道”的无障碍产品的关键，在于如何实现“多通道”。正常人的五种正常的感知器官和健全的肢体是构成认知世界的通道，而残疾人或者老年人往往有一种或多种缺失及能力减弱。一般提供给残障人士使用的产品，在设计时会针对某一种缺陷的人群、为了补足某种感官通道来使用，比如盲文书籍只针对眼盲患者。现在更加人性化的观点是将这些通道设置更加大众化，供所有人使用。虽然目前一些产品

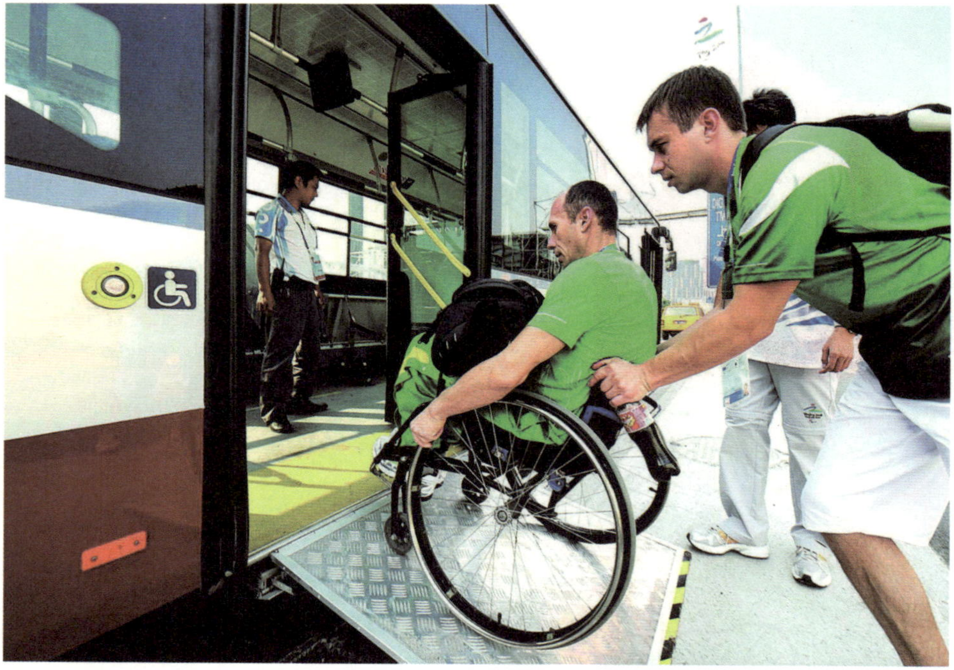

公共设施中的无障碍通道

有这类概念，比如在电器遥控器操作按钮上设置凸起的盲文触符、为肢体残缺的人群在公共场所设置坐式办公柜台、在电梯间适当降低控制按钮的高度等。但这些还远远不够，我们还需要将多种通道集中在一起，同时利用图像、声音、触感等，将这些设计概念变成日常设计的一个部分，从而彻底为特殊人群扫除生活中的障碍。

看看我们现有的设计，其实就有一些看似极为普通，却又非常贴心的"共用"之处的细节。比如洗涤溶液的瓶子盖，通常是通过按压打开的，在按压的一端，上面除了写着 PUSH（推）之外，还会特别设计一块小的凹凸，这个触觉记号看似简单，但却解决了盲人使用时寻找按

为弱势群体所研发的膨胀油墨印刷技术

压处的烦恼，同时一般人使用即便不直接看到也可以进行操作。不但如此，在按压的时候，凹凸触觉条还起到防滑的作用，一举三得。同样的设计我们在很多电子产品的操作按钮上都能发现。

前文中提到的凸版技术和现代多样印刷介质的结合，可以将印刷品表现出一定的凹凸感，这种印刷提供了一种可能性：它不仅能让普通人有更精致的阅读观赏性，也为视觉障碍者开辟了除认读盲文以外的阅读对象，省去了原先盲文转换的烦琐过程，让盲人们认识普通文字，感觉不同的字体之美，甚至“看”到画面，“看”到普通人所看到的世界。

多通道产品的实现，可以补充无障碍设计本身的不完全和不能在某些地区全面推广的遗憾，适当减少残疾家庭购买专业产品的费用，也让残障人士在使用大众化产品过程中加深与社会的交流。当“多通道”产品与设计覆盖了我们生活的方方面面，也将大大方便普通人的生活。我们可以体会到，身边的无障碍设计和针对弱势群体的设计的发展还比较滞后，弱势群体和老人的境遇令人唏嘘。中国有如此多的残疾人，同时也正在逐渐进入老龄化社会，对弱势群体，有时只需设计师稍动脑筋就可以很容易实现关怀。把门把手适当拉长降低一些，这样坐轮椅的人、儿童都可以方便拉动；在卫生间马桶两侧安装扶手，就可以方便残疾人、老年人使用；适当扩大手机按键和字母显示大小，就是一款适合老年人使用的手机了……终有一天，我们也都会变老，现在在设计上所做出的一点点对他们的关怀，最终也将会是对自己的关怀。

真正的专家并不是设计者，而是使用者

设计师如果不真正长时间地使用产品，是不能对设计做出准确预测的，也很难发现在不断的使用与操作中产品会出现怎样的问题，操作又会出现什么样的失误，从而无法降低问题或者事故发生的几率。想想使用一件产品——电器、家具数年或是在一所居室内住了一辈子的用户，才是真正对设计有发言权的人。

但是“习惯”是一件多么可怕的事情，它让设计者和使用者久而久之被固有的观念束缚住，即使两者的角色有一天会转化，也很难突破生活中固有的习惯去改变两者之间的关系和模式。有些设计失误甚至是用使用者的生命来检验的。

美国“科罗拉多峡谷魔鬼公路事件”，就是由于设计失误引发的。盘山公路要经过的峡谷其中一段的崖壁呈波浪形延绵，这是一种常见的情况，于是工程设计按照惯常的方式进行了施工。

然而，公路投入使用后，严重的问题出现了，这一段公路变成了一个死亡陷阱，许多车经过这个路段直接撞向围栏飞出山崖。这个匪夷所思的恐怖事件引起了官方的重视，对事件进行模拟调查后才发现，引起多起自杀性交通事件的原因竟是因为小小的视觉误差！

如图中所示，当车行驶到波浪形公路的 A—B 段时，前方的 D—E 段公路在视觉里便产生了与其相连的误差，并在司机的眼中形成一条“笔直的公路”。所以许多人一开始便有不解，为什么如此“笔直”的公路会有限速。再加上周边一些特殊环境影响，例如，波形公路的路面处于逐渐

科罗拉多峡谷地貌

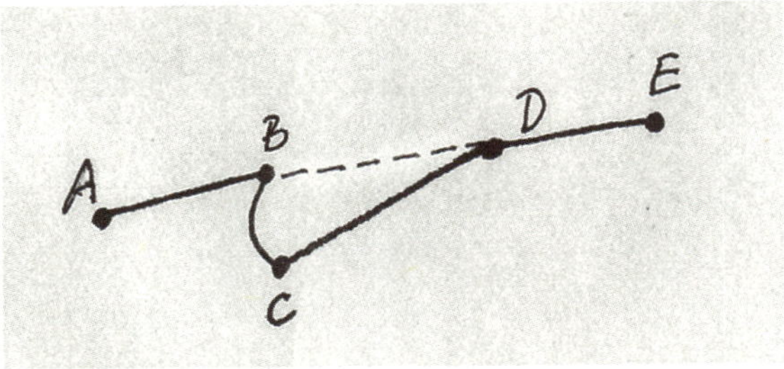

升高的地形时，司机更加无法判断前方的路况，直到汽车加速行驶到山崖边缘，才发觉原来是视觉错误，却已经无法快速转向而飞出山崖。

设想一下，如果在设计的最初就去做实验并能发现这个问题，应该就能提前想出方法，并打破这种视觉误差。即使当公路已经建起后，也有一种办法能免除事故的发生，就是设置交通警示牌。从设计的角度来说：足够明显或者恰到好处的位置的警示牌都可以打破这种“笔直的线条”。正是由于缺乏对视错觉情况的预估，警示牌的设置并没有考虑到在某种特殊时刻（太阳平行照射时，警示标志与路面都隐没在阴影中）很难被识别的情况，事故才难以被避免。

在诡异的“科罗拉多峡谷魔鬼公路事件”原理被解释之后，诸多行之有效的解决方案不断被提出。目前最好的解决办法是，将每段波形公路铺设成不同的颜色，从而提示驾驶者来加以区别。

这种以鲜血带来的后知后觉虽然残酷，但至少也给我们之后的工作带来了一些经验：

一、在遇到棘手的案子和从未遇到过的设计环境时，没有先例可参照与借鉴，最好利用建立模型进行可行性与危险性分析。

二、设计人员要在一开始就与客户沟通，因为设计进行得越深入，就越难再做出根本性的修改。

三、最重要的是：设身处地地从使用者角度出发，用他们的眼睛看待产品，这永远是设计者的良知与道德的体现。

第三章

与周易无关

—— 人机工程学在设计中的深层运用

圣彼得大教堂的穹顶

散发着神圣光芒的圣彼得大教堂内庭

影的雕塑

在人们认知世界的过程中，大约有 80%—90% 的信息是通过视觉系统获得的，因此视觉系统是人与外界相联系的最主要途径。人通过视觉看到物体，必须要依赖于光的反射映入眼睛。不同波长的光照射到不同颜色的物体上，反射回人的眼球才形成了各种颜色。没有光，一切色彩与形状都无法显现，人也就看不到任何事物。

一般认为，设计中光的基本功能是用来照明，但高明的设计师在处理光的时候，会赋予光线一些更丰富而高级的功能。

传统的教堂是最好的例子。从古代开始，设计师们对于光的利用就颇费心思。从左图中我们可以看到位于梵蒂冈的圣彼得大教堂的穹顶，这个穹顶的设计者是米开朗基罗。他完成了圆顶的模型，然而在圆顶下的鼓座刚刚建造完成时，大师便与世长辞了。圆顶剩下的工程由他的学生查柯莫 · 第拉 · 波尔泰于 1590 年完成。完成后的圆顶直径有 41.9 米，顶点高 137.8 米，是人类建筑史上极其伟大的工程。

当时的人工照明并不发达，教堂内部大都采用自然光照明。当阳光从穹顶底部一圈整齐的窗洞中照射进教堂内部的时候，整个穹顶在光线衬托下，仿佛悬浮了起来，使身处其中的人更感神秘与崇高。除了穹顶的光线，彩色玻璃窗也是教堂中不可忽略的光之主题。

中世纪初期的罗马风格教堂的窗洞较小，因而穹顶相对较大，是采光的主要途径。到哥特风格教堂流行时，人们对彩色玻璃窗产生了强烈的迷恋。中世纪是“文明的倒退期”，大多民众目不识丁，教堂会依靠彩色玻璃窗上装饰的宗教人物故事来布道。这种彩色玻璃装饰画的传教形式受到了信徒极大的欢迎。因此到哥特后期，巨大的，甚至高达几十米的彩色玻璃窗布满了教堂，教堂墙面被压缩到除了连接支撑顶部的肋的承力部分外，已经所剩无几，以致墙面无法支撑尖顶的侧推力，必须借助外部的飞扶壁的支撑才能抵消这部分侧推力。

如此有趣的玻璃彩窗的魅力究竟是怎样的呢？

教堂内部罩着一片冰冷惨淡的阴影，只有从彩色玻璃中透入的光线变作血红的颜色，变作紫英石与黄玉的华彩，成为一团珠光宝气的神秘的火焰，奇异的照明，好像开向天国的窗户……

——丹纳《艺术哲学》

从外部看，这些彩窗都是灰蒙蒙一片，与建筑的颜色浑然一体，无甚特别；然而在内部，它们都绽放着奇异的光彩。由于教堂内部光线暗淡，阳光从彩窗中透入的时候，装饰用的细碎玻璃会显现出尤为浓烈的色彩：蓝色代表着信念和圣母的贞洁，红色是上帝之爱和基督的牺牲，黄色是主权，绿色是诞生与希望。哥特式教堂很大一部分都是天主教堂，所以你常常会看到蓝色的主题延绵至整个墙体，置身其中的人又怎么能不感受到身心的洗礼呢？

穹顶也可能是玻璃彩窗的。这种自然光照明的设计在历史的积淀中慢慢定型，变成一种传统，传承数千年。直到现在，彩色玻璃窗仍是教堂的小礼拜堂不可或缺的元素，亦成为展现设计师妙笔的绝佳之处。

我们看到光在建筑中所起的作用，远远超越照明这一基础功能。这种设计上的辉煌让我们痴醉于建筑师们用光的方式时，还有另一个无法忽略的元素，就是“影”。

影是光的另一面，是光不可分割的另一种存在。影给予光以形状的修正，以明暗的对比。可以说，若没有影，便成就不了圣彼得教堂穹顶的神圣光感，同样也没有哥特式教堂玻璃窗的浓烈色彩。

光与影的关系，就像阴阳、正负的关系，此消彼长却互为存在。中国传统哲学对虚实的分析与设计中光影的关系有着异曲同工之妙。老子《道德经》中说：“三十辐共一毂，当

巴黎圣母院玫瑰窗

其无，有车之用。埏埴以为器，当其无，有器之用。凿户牖以为室，当其无，有室之用。”老子认为无和有、虚和实之间存在一种辩证关系，有无相生，以无为本。

通常人们更容易感知“有”的存在，反过来其实我们亦可以从“无”的境界去体会和领略“有”。20 世纪 30 年代，美国现代建筑大师赖特从这些充满哲思的只字片言中，发现了建筑中空间的虚实关系的重要性，于是终其一生去实践与探索，并取得了伟大的成就。同样，设计中的重要因素——光影同样存在着虚实与有无的关系。光是可控的，在设计师的手中，是“实”；影随光而动、附着于物，是“虚”。换个角度对虚的影去进行思考，会让我们体会到“光”的另一种层面上的完整，会使一件作品、一个建筑更趋于完美。

传统的环境下，人工照明不发达，设计大师们不约而同地将建筑内部看成是一个影的整体，然后巧妙地、恰如其分地引入自然光，对大块的影进行雕塑、剪切、分割，利用了视知觉的种种原理或错觉，造成了观众们从视觉到心理的超然体会。

现代社会科技发达，人工照明的发展已经相当成熟，它被运用在我们生活的各个角落，设计师可以轻而易举地根据需要选择不同色彩和亮度的照明。但与此同时，多样的照明又给设计师们提出了新的挑战。如何才能设计出从人性出发、关照不同场合人们心理和生理共同需求的光环境呢？

我们来看看现代设计师是如何做的。

法国建筑大师勒 · 柯布西耶（Le Corbusier，1887—1965）于 1950 年到 1953 年设计建造了朗香教堂，教堂粗犷的外表并不影响其内部的细腻，交错的彩色光影如同太阳自然落下的光斑。

1989 年日本大阪的茨木，安藤忠雄（Tadao Ando，1941— ）的作品——光之教堂落成，光与影的旋律碰撞在这座教堂发挥到了极致。教堂内部的“光之十字”并不宏伟、升腾，但就其传达出的灵动感和神圣感丝毫不逊于传统之作。和朗香教堂一样，光之教堂以坚实的混凝土结构为主体，外部粗放大气。在营造内部光感的时候，安藤忠雄与柯布西耶似乎也有着相同的认知，都将“影的雕塑”手法发挥到了淋漓尽致：先创造出绝对的黑暗空间，再通过对墙面的切割，让光按照意志进入内部。相比之下，光之十字更加洗练、纯粹，达到对神性臣服的效果。

朗香教堂内部

安藤忠雄曾在某次讲座时提到："其实大家都没懂得光之教堂"，"我很在意人人平等。在梵蒂冈，教堂是高高在上的，牧师站得比观众高，而我希望光之教堂中牧师与观众人人平等。在光之教堂中，台阶是往下走的，这样牧师站得与坐着的观众一样高，也就消除了不平等的心理。这才是光之教堂的精华"。然而，不管大师的初衷如何，也许他刻意地将讲坛放在坡度中低的那一端，但当牧师站于其位，十字形光芒从背后映入并布满他周身的时候，这种平等显然被打破了，任何一个置身于教堂中的人，感觉到的都应是讲坛方向的特殊"高度"吧。

长达数千年的时光里，"影的雕塑"手法不断被运用并完善着，这些作品无论轻快诙谐、严肃神圣，抑或是气魄宏大，都几经时间考验。美丽的光与影成为对人类心灵的最好抚慰，在特定的时间、特定的空间，成为历史相当重要的命题。

随着科技的发展，我们失去了许多接近自然光线的机会，设计上也少有能进行大面积光与影的雕塑的条件。但是，把历史的精髓还原给今天的大众，仍是艺术不可推卸的责任与使命。庆幸的是一位来自古老的艺术之都意大利罗马的现代大师跟我们近距离分享了他对光与穹顶的诠释，仿佛数千年前哥特式教堂中炫目的日光瞬间倾泻下来。

光之穹顶

意大利艺术家水仙大师（Narcissus Quagliata，1942—）用了四年多的时间创作了号称全世界最大的玻璃艺术品——高雄捷运美丽岛站的“光之穹项”。这件美得不容拒绝的大型公共艺术品，是为了纪念曾经发生在高雄的“美丽岛事件”而建的。

与教堂一样，地铁站的地下封闭环境对设计师来说，也是难得的整块“阴影”，在这里完成一件光的雕塑作品是再适当不过了。设计大师水仙用他所擅长的建筑玻璃艺术为远离教堂艺术的台湾高雄建起了一个直径达 30 米、面积为 660 平方米的巨型玻璃穹顶。穹顶由水、土、光、火四区块构成，代表着高雄这片土地特有的物性和台湾“美丽岛事件”中地缘的冲突与纠结，同时它们还分别代表着诞生、成长、荣耀、毁灭，表达了生命轮回的内涵。

历史最容易埋葬的，除了建筑，就是民众的心灵创伤。民众是坚韧善良的，但以建筑的形式去纪念创伤，在我们身边是鲜见的。在高雄最繁忙的地方，人们看到了政府的歉意。放下这层意义，单从其设计的母题上而言，我们感到那些关于信仰、信念、生命与神性的东西重回到现代社会，重回到人流匆忙、信仰缺失的当下。

“光之穹顶”的建造共用了数千片玻璃，新材料金属、曲面玻璃等在这里发挥了特殊的作用。巨大面积的穹顶灯光模拟了天光效果，与地铁站内的暗环境形成了光与影、形与色的强烈对比。中世纪彩窗在一千多年后的地铁穹顶上复活了，把一块块的玻璃嵌进金属边框，连手法都是那么一致。传统的玻璃画之所以采用镶嵌的工艺是因受到当时技术条件的

光之教堂是建筑中光与影结合的杰作。

光之教堂

限制，人们还不能利用整块的玻璃来装饰。现在我们能轻松取得大块玻璃，但水仙大师却仍然保留了这种镶嵌的历史感。而在制作时，他利用玻璃在高温下呈半液体状态来进行水彩般的绘画，终于完成了这件巨制。这下高雄终于可以向世界宣布，我们终于超越了里斯本的奥莱尔斯地铁站的“色彩大爆炸”，拥有了世界上最美的玻璃艺术地铁站。

光是宇宙中的要素，光是生命的一个基本构成部分，光线，几乎是人的感官所能得到的一种最辉煌和最壮观的经验。

——阿恩海姆（Arnheim，1904－2007）

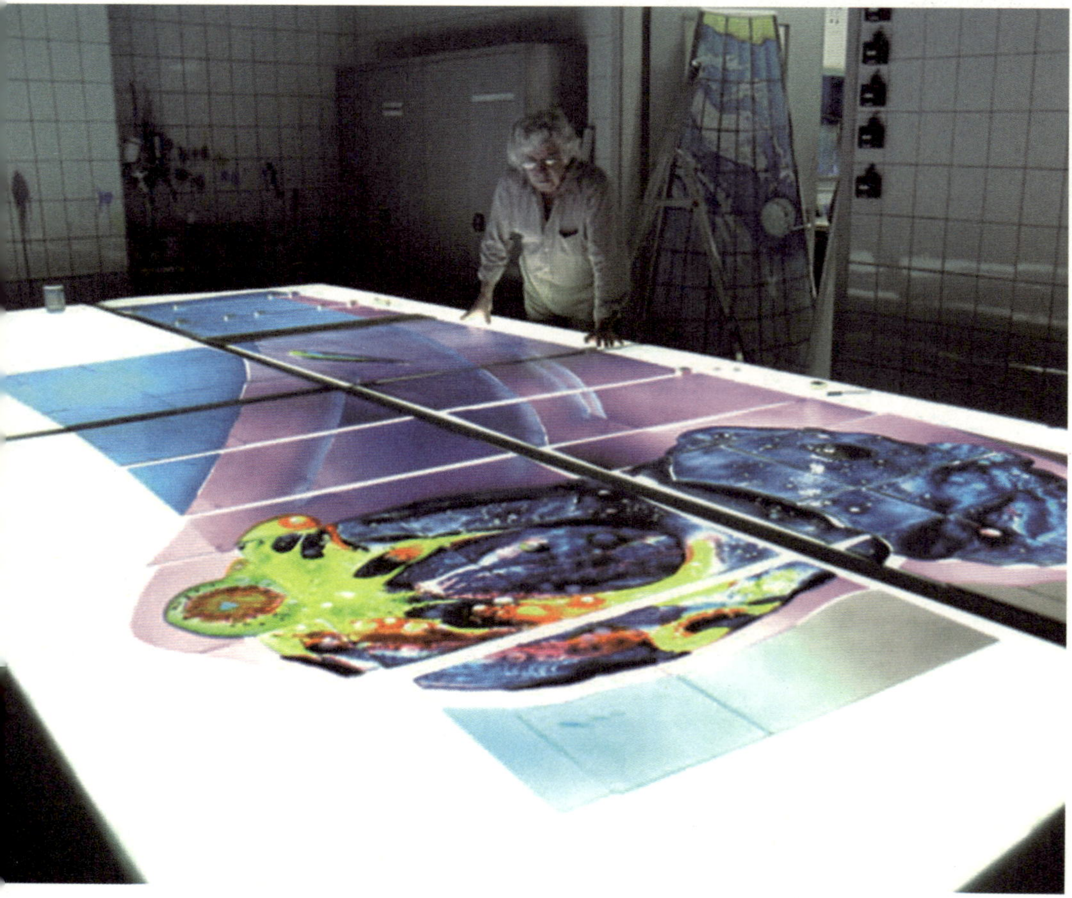

美丽岛地铁的玻璃制作工艺

美丽岛捷运天顶局部

色

在上一节这些伟大的设计中我们也看到，另一个与光相伴而生的要素同样处于重要的地位，那就是“色”。

色彩是人们生活中不可缺少的视觉感受。自然界中的颜色种数大概有200万到800万种。中国从周朝起，就把黑、白、玄（无光泽的黑色）称为色，把青、黄、赤称为彩，合而称色彩。19世纪的西方，人们对色彩理论产生了兴趣。20世纪，相关研究空前发展。现在人们已经了解到，色彩不仅仅作为一种当前的视觉知觉元素而存在，它更体现了人们对以往经验的综合反映。人们渐渐认识到色彩的巨大能量，尤其在设计这一领域，主动地运用这种无形的手进行创造，并在长期的设计活动中总结了一些规律和法则。

在视觉感受上，最突出的因素来自色彩。你可以闭上眼睛片刻再睁开，感受一下，红色、蓝色、绿色……无论是什么颜色，你首先感受到的应该是大片的色彩而不是物体本身的轮廓。

颜色不但会带来感知，还会影响情绪，但这是为什么呢？之前曾说到，人的眼睛对色彩会“挑食”，这是一种生理机制。而从心理的角度上看，视觉系统对不同颜色产生的刺激反应不仅仅是分辨其属性，它还会通过视觉神经反馈给大脑，与大脑中储存的以往生活中的各种经验发生关联，产生综合与联想，从而产生情绪。

蓝色让人产生宁静和辽阔感是因为生活中对蓝色的天空所产生的惯性认识，鲜红产生甜蜜感，青色产生酸的味觉，灰色产生冰冷感……

多彩的颜色构成了我们的生活。

约翰内斯·伊顿

（Jogannes Itten，1888—1967），他才学渊博，不但是画家、雕刻家，而且是一位颇负盛望的美术理论家和艺术教育家，毕生从事色彩学的研究，作为包豪斯色彩体系的奠基者，他被誉为当代色彩艺术领域中最伟大的教师之一。

几乎生活中的一切经验都在影响着人们对色彩的认知和感觉，于是就有了色彩偏好。如果去询问一个人喜欢什么颜色，他所陈述的原因大都是跟色彩产生的物体联想有关。于是你可能会说，原来颜色不再单纯，而是具有了社会性，这样再贴切不过了。正因如此，同样有极强社会性的艺术设计，才变得有趣多了。

面朝大海

色彩会改变人的情绪，有时这种情绪很微妙，可能连你自己都不会注意到，但长时间的反复的微弱刺激，同样会对人的生理和心理产生影响。所以，我们生活环境中的颜色是有经验的建筑师和设计师们所重视的对象。

建筑外观、室外景观在色彩的设计上，主要是遵循与周边地缘地景相和谐、不破坏周边景观的大环境的原则。在调节室内环境气氛时，主要利用的是色彩的知觉效应，如利用色彩的温度感、距离感、重量感、尺度感等来创造良好的室内环境气氛。

如何在室内设计中创造富有性格、层次和美感的色彩环境呢？也许每个人理想中的情景，都如同海子所云："我有一所房子，面朝大海，春暖花开。"人们对在海边居住的追求已有几千年的历史了，古罗马时代的贵族们就流行将别墅寓所修建在海边，一面是追求无尽的碧海蓝天，另外便是要享受这充足的阳光了。

光照是室内设计中需充分考虑的因素。在不同光照的室内环境中，可以运用冷暖颜色进行调和，达到调整舒适度的效果。一般来说，可以在非朝南、缺少阳光或阴暗的房间采

清晨冷光的室内

用暖色，以增添温暖感；在朝南、阳光充足的房间，则可采用冷色，起减低室温感的作用。

居住房间、医院病房、办公室及各种需要较长时间起居的房间里，采用各种浅色及调和灰色调可以获得安定柔和、宁静的气氛。由于冷色产生远离感，暖色有迫近感，所以低矮的空间适合浅冷色调以扩张视觉，减少空间的压抑感，当空间太过空旷的时候，采用暖色调可以让空间迫近，消除空旷感。同一房间，从天花板、墙面到地面，冷暖交替也可以获得丰富色彩层次、饱满视觉空间的效果。在任何一个具体的环境中，颜色都是在不断变化的，清晨、傍晚及不同阴晴条件下，阳光的冷暖及颜色会有所差别，根据室内空间在哪种情况下暴露时间较长而去选择适合的色彩，还需要设计者具体地分析。

当然，环境设计的根本目的是创造适宜人们居住需要的室内环境气氛，色彩设计同样要因人、因事、因时、因地而区别对待。设计师设计一间住宅所需要的时间并不长，然而这个设计将会伴随着居住者数年甚至数十年，影响也是数年、数十年的，因而细腻的人性关照是超越室内设计形式美而居于首位的。

为了实现良好的栖居，除外部环境因素外，还必须更多地考虑居住者的主观意志。环境主体的性别、年龄、爱好和气质不同，对色彩喜好也有不同。即便是同一主体，亦会受到环境影响和自身情感的变化，对色彩的认知发生改变。各民族的习俗，多少会对色彩有影响，甚至有限制。同一家庭中的成员，也会存在喜好的差异，因此就出现了如何协调色彩配置的关系问题。

设计师在“室内配色”上常出现纠结。众所周知，室内配色就是在确定室内色彩基调之后，将室内色彩关系进行协调，利用色彩的物理性能及其对生理和心理的影响进行配色，以充分发挥色彩的调节作用，包括色相、明度、彩度调和等。

从色相上来说，浅蓝色、浅黄、橙色宜于保持精神集中、情绪稳定；房间里涂上明亮的色彩，心理状态可获改善。医学家们还发现：病人房间的淡蓝色可使高烧病人情绪稳定，紫色使孕妇镇静，赭红色则能帮助低血压病人升高血压。长期在昏暗环境或者深色环境下作业的工人，易导致视线模糊而产生朦胧心理。统计还表明，白色、黑色、棕色对提高学习并没有帮助……当设计被形式感、流行色、另类和个性等因素引导时，最基本和最大的职责仍然是对生理和心理的关注，这一点是一切住宅环境设计个性化的先决条件。

暖色调的家居装饰风格
明亮的黄色有稳定情绪的作用。

如果在公共环境中，比如旅馆门厅、大堂、车站和其他一些逗留时间较短的场所，使用高明度、高彩度的装饰色彩，可以获得光彩夺目、醒目愉悦的气氛。较大公共场所的过道、走廊通常比较长，进行丰富的色彩装饰和设计成曲折的几何形体，也可以减少行人对长而单调的过道的厌倦情绪，分散注意力。我们常在大厦前看到水景、园景等装饰，就是起到这样的作用。为了突出室内重点部位，强调其功能的作用，使人显而易见，因此需要重点配色。这时色彩在色相、明度和彩度方面应和背景有适当的差别，使其起到装饰、注目、美化或警示的效果。

浅色调的家居装饰风格往往给人以典雅高贵的感觉。

所以，适当地用色会带来令人意想不到的效果，如果有耐心和细心去观察，生活中还有无数关于色彩的细节。比如在一排朝你走来的人群中，身着亮黄色衣服的人总是最先吸引视线，而深紫色则最后才被注意到，明度和色相在这个重要关系中发挥了作用。但这只是一般性法则，还有一点也非常重要——每个设计对象是存在个体差异的。这种差异跟他们的生活背景有着深厚的联系。可能有人会更先注意到人群中的红色而非黄色，这取决于这个个体对某种色彩的较高敏锐度。不论原因为何，这至少说明偏差是存在的，尤其是在物质丰富的时代，人类的性格心态多样性更加明显，唯有坦诚地、认真地了解设计对象的内心需求，才是人机学不变的法则和初衷。

白色的房子

看过电影《卡萨布兰卡》的人都知道摩洛哥有个紧靠大西洋、气候宜人的城市——卡萨布兰卡 (Casablanca)。

卡萨布兰卡这个名字颇有来历。500 多年前，这里原是安发 (Anfa) 故城。1575 年被葡萄牙人占领，改名卡萨布朗卡 (Casa Brabca)。200 多年后，葡萄牙人放弃了这里，城市便更名为阿拉伯语名——达尔贝达 (Dar el Beida)。18 世纪末，西班牙人重新得到这里的港口贸易特权，称它为卡萨布兰卡 (Casablanca)，“blanca”意为“white”（白色），“casa”意为“house”（房子）。这就是为什么这虽是一座非洲城市，却有着拉丁语系名称的原因，在西班牙文中，卡萨布兰卡意为“白色的房子”。摩洛哥独立后，虽恢复了达尔贝达的名称，但人们仍习惯地称之为卡萨布兰卡，而当地人昵称它为“KAZA”。

作为一个名字，卡萨布兰卡也是一种百合花的名称——Casablanca lily（香水百合），它代表着纯洁的爱情。卡萨布兰卡——白色的房子——百合——纯洁的爱情，纯洁的白色和这些意义在历史和电影的语义包围下，变得暧昧含混且别具深意，西方人会自然地产生同义的联想。当然，这种深意对于作为这个语系之外的中国人来说常常体会不到。

与此相关的故事发生在 1950 年，如同很多作家会在扉页上写着“此书献给某某人”一样，

卡萨布兰卡哈桑二世清真寺

卡萨布兰卡仅仅是个名称而已吗？其实在西方人心中，它代表了更多。

设计师也会做出同样的事情。然而，并非所有的设计献礼都能得到如期的回报，即便是世界上最伟大的设计师也会有这样的烦恼。

20 世纪 50 年代初，现代主义最伟大的建筑师之一的密斯 · 凡 · 德 · 罗 (Van Der Rohe Ludwig Mies，1886—1969) 所设计的范斯沃斯住宅 (Farnsworth House) 落成于树林水边。整个建筑全由钢和玻璃建造，通体纯白。八根钢柱支撑地板和屋面板，形成地面架空层，四面都是通体大玻璃，只留房屋中间一小块做成封闭空间，是厕所、浴室和机械设备的位置。主人的睡觉、起居、进餐都在透明的空间里进行。

这个建筑是密斯和他的极简主义风格成就走向巅峰的重要作品，范斯沃斯住宅刚一落成，就得到了建筑界的一致好评与追捧，蜚声国际。虽然对密斯与范斯沃斯大夫这个独居

卡萨布兰卡——白色的房子——百合——纯洁的爱情，纯洁的白色和这些意义在历史和电影的语义包围下，变得暧昧含混且别具深意，西方人会自然地产生同义的联想。

范斯沃斯住宅（Farnsworth House）

女性之间的关系并没有更确切的记载，但密斯花了四年时间完成这个纯白的水边建筑，在世人眼中，这幢不折不扣的“白色的房子”所传递出的情感，并不简单只是一幢别墅而已。然而，范斯沃斯大夫最终因建筑超出预算、居住起来夏热冬冷等种种原因，对密斯提起了诉讼。密斯在法庭上的陈词显然是万般无奈：“当我们徘徊于古老传统时，我们将永远不能超出那古老的框子，特别是我们在物质高度发达和城市繁荣的今天，就会对房子有较高的要求，特别是空间的结构和用材的选择。第一个要求就是把建筑物的功能作为建筑物设计的出发点，空间内部的开放和灵活，对现代人工作学习和生活就会变得非常的重要……这座房子有如此多的缺点，我只能说声对不起了，愿承担一切损失。”这段陈词更像是现代主义建筑的宣言，表达了他和一代设计师对功能主义的无尽追求。

范斯沃斯住宅（Farnsworth House）结构图

在这里，我不想特意地夸大色彩的能力，或者重述地名的符号学语义。在人类对艺术的不断追求中，色彩是其中不可忽略的重要语言和手段。白色的房子也好，白色的花朵与城市也好，色彩对人类心灵的慰藉从来不曾懈怠。

蓝色的意义

世界上的大多数城市都是多彩的，其中有不少像卡萨布兰卡一样，是用某种颜色命名的。还有一部分，虽然名称里没有颜色，城市却体现出某一种或几种颜色占据主导地位的特点。这类城市大都是因为政治或者宗教影响的缘故。

人类对艺术的不停追求，色彩在其中是不可忽略的重要语言和手段。白色的房子也好，白色的花朵与城市也好，色彩对人类心灵的慰藉从来不曾懈怠。

印度三大神之一毗湿奴（Lord Vishnu）

神像的脸孔和身体是蓝色的，以显示其神圣而尊贵的地位。

蓝色的焦特普尔城

蓝色虽然不是印度教的象征色，但是却在这片土地上被人们深深喜爱着，并被赋予了勇敢、忠诚与真理的含义。

印度的焦特普尔(Jodhpur)是其中最典型的例子。站在城市的高处放眼望去，层层叠叠的屋子都被涂成了蓝色，像是天空的延伸。那种惊艳，令人一见难忘。据当地人说这种蓝色是用来标示婆罗门贵族身份的。在古代，只有婆罗门贵族家庭才被允许将房屋涂成蓝色以昭显贵，后来被平民们模仿。在焦特普尔所在的拉贾斯坦邦，也有将刚出生的孩子的手腕和脚踝绑上蓝色的珠串以免被恶魔的眼睛看到的传统。

蓝色虽然不是印度教的象征色，但是却在这片土地上被人们深深喜爱着，并被赋予了勇敢、忠诚与真理的含义。而在世代的生活中，人们发现这种类似靛蓝的颜色竟还有驱除蚊虫的效果，对于这个严重缺水的沙漠小城来说，这一点意义更加非凡。

除此之外，印度还有粉城斋普尔(Jaipur)和金色之城杰伊瑟梅尔(Jaisalmer)，都是不折不扣的视觉盛会。

威尼斯的金色是阳光洒在海面上的定格，中国的土黄色是地位稳定与权力的象征。荷兰的橙色、英国的红色、希腊的白色、尼日利亚拉各斯的深蓝、加纳阿喀拉的纯白、摩洛哥非斯的黑色、苏丹卡普木的棕色……每一种颜色都是历史深沉的积淀。虽然这种对色彩偏好的传统并不首先来自于城市规划师对色彩原理的运用，但对于现代的设计师来说，理解一片区域的色彩偏好却是了解一个地方灵魂的开始。

紫微寰照

在中国，本土信仰和易经风水观念对传统色彩的影响很深远，即便在现代设计中我们也一眼就能识别出中国特色的设计。在别国的土地上，漂泊的华人正是通过土黄、黑、白、蓝、红这些似乎被国人熟悉得近乎厌倦的色彩感知着亲切。在2008年北京奥运会吉祥物福娃刚出炉的时候，我们只听得嘘声一片。那常见的本土形象和色彩对于中国人来说，简直熟悉得如同空气和水。不如北欧的简洁、不如美国的幽默等诸如此类的评价频频出现。但仔细想想，中国传统设计什么时候有过简洁，什么时候有过幽默呢？在老外眼中，福娃才是真正的中国特色。

中国的哲学有很多轨道，儒、释、道和后期的外来宗教，分别从不同的层面影响着这片土地。但传统文化中最常用的颜色仍旧是来自古老的易经、八卦、风水与占星。五色对应着五行，“东方木，在色为苍；南方火，在色为赤；中央土，在色为黄；西方金，在色为白；北方水，在色为黑”。

故宫紫禁城中 9999 座屋宇大都铺着黄色琉璃屋顶，但其中的文渊阁——这个皇家的藏书楼和某些库房的屋顶却被铺设了黑色琉璃瓦。按古代阴阳五行说，黑色属水，而水能克火，有创意的古人，先从意识上防了火。

位于故宫的文渊阁

在中国传统中，还尚红贵黄。尤其是所在正中的黄色是代表着土地的颜色，为中和之色，居于诸色之上，被认为是最美的颜色，因此也是至高权力的象征，有着不可侵犯的地位。

在方位上，我们更看中的是“正中”之地，“中国”之国名就包含着这个意思。我们熟悉四象方位神：青龙、白虎、朱雀、玄武分别代表了东、西、南、北四个方位，但代表正中的这位，又是何方神圣呢？它不折不扣一定也是万兽之统领——龙，并且被赋予了最高等级的黄色。《易经》又说：“君子黄中通理，正位居体，美在其中，而畅于四支，发于事业，美之至也。”黄龙，不单指色彩，它比百年长角之角龙、千年生翼之应龙更高寿，于是通体金黄。

祖先无时无刻不在表达“我们是天下的正中”这个概念，表现在颜色上，除了黄色，就要数紫色了。“紫气东来”代表着富贵，古人称天帝所居住的地方为“紫宫”，紫禁城也被称作“紫宫”、“紫庭”、“紫极”和“紫宵”。这“紫”字，便是人间仙境的比拟。更具实际意义的记载是，“紫”，原指紫微垣或紫微星，紫微星就是我们所说的北极星，一颗不偏移、不隐匿，整个天穹中极明亮、极稳定的星星。斗转星移，都以此星为参照，紫禁城的“紫”字在一定程度上就象征着这皇城，亦是地上的紫微星，占据着最稳固、最正中的位置，任时光变迁、寒暑易节、世事更替，都不可被取代。

曲线的故事

曲线、曲线

设计之于心理上的关照，形式很重要。最简单的形式无非就是点、线、面，而在这三者中，情感最为丰富的则是线条。

说到线条的历史，就一定要谈一谈“新艺术运动”。但凡喜欢设计的人都应知道欧洲历史上的“新艺术运动”。“新艺术运动”兴起于19世纪末，但从何地发源说法不一。法国是很早兴起该运动的国家之一，且因巴黎的一家名为“新艺术”的画廊而得名。从这层意义上来说，“新艺术运动”应该发源于法国。但是，同在西欧的比利时人却认为，“新艺术运动”是发源于其首都布鲁塞尔的，因为从时间上来说，这里开展“新艺术运动”并不晚于巴黎。那些留在布鲁塞尔各地的许多“新艺术运动”时期的老建筑就是很好的证明。

在这些建筑中，最著名的一幢，就是比利时建筑师维克多·霍尔塔（Victor Horata，1861—1947）设计的塔塞尔旅馆（Hotel Tassel）。塔塞尔旅馆位于现在的布鲁塞尔最贫穷的街区，经过修复，基本恢复了当年的模样。走进这家旅馆，便可以感受到当年的比利时在艺术历史的十字路口所做出的选择——如同欧洲其他国家的“新艺术运动”一样，在社会大步迈向工业时代的时候，很多艺术家们抵制工业时代的简约设计风格，不约而同地选择了自己的“新艺术”之路。正是因为他们对古典时代的眷恋和对传统工艺的执着，产生了“新艺术运动”这个欧洲设计史上手工艺时期的“延长线”。包括霍尔塔在内的艺术家们在这条“延长线”上创造出了相当数量风格特殊、异常美丽的设计艺术品。

说到线条的历史，就一定要谈一谈“新艺术运动”。但凡喜欢设计的人都应知道欧洲历史上的“新艺术运动”。“新艺术运动”兴起于19世纪末，但从何地发源说法不一。

塔塞尔旅馆

在浏览了大量这一时期的设计之后，不免让人怀疑，与其说“新艺术运动”是这些设计师的古典情结，不如说是他们的曲线情结。层层叠叠、交错流动的曲线让人如入奇境，恍如隔世。其中名气最为响亮的曲线，便是由霍尔塔设计的“比利时鞭线”。

这些线条交错缠绕，像藤蔓一样爬满了建筑的地板、楼梯、墙壁、铸铁柱、窗框、镜框、家具、灯具、烛台甚至织物表面。力量感和美感同时充斥于这种线条，因为人们对它的喜爱，后来被命名为“比利时线条”或“比利时鞭线”。塔塞尔虽然是多层小旅馆，但在建筑的设计上运用开放式布局，建筑细节的处理更是精致有加，地板上的鞭线是由小块的马赛克铺成，楼梯转角的墙沿、门厅地台都设计成曲线的形态，咖啡色彩绘、墨色的铸铁、金色的装饰也都是精致的曲线形态，它们相互衬托，完美结合，层次丰富而暧昧，加上漫射的光线，使人如入梦幻之境。

不过，关于“梦幻”的曲线，另一位建筑设计师似乎更与这样的风格相匹配。他是同样也属于“新艺术”家族中的一员，来自有着更自由天性设计风格的国家西班牙的安东尼奥·高迪（Antonio Gaudi Cornet，1852—1926），他也是西班牙最伟大的建筑师。如果布鲁塞尔的建筑是成熟而优雅的，那么高迪的建筑像是人类还处在童年时期般的自由创作。我们惊异于他那天真的设计想象。我们都应该记得，童年时在沙滩上堆起的弯弯曲曲的城堡，沙粒中的金色粒子在阳光下闪闪发光。没想到真有这样一位设计师，还原了我们童年的想象，并在其中赋予了更多的奇幻细节。他曾说过：直线属于人类，曲线才是属于上帝的。

米拉公寓（CASA Mila）和巴特罗公寓（CASA Battlo）为高迪的曲线做了最好的诠释。从外部结构到内部装饰，没有什么是直线的，整个房子似乎是移动的波浪在流动时动态的定格。巴特罗公寓入口处，建筑的表面都布满彩色玻璃和镶嵌的各种釉面颜色的石头，斑驳陆离，明亮耀眼。闪光的马赛克和起伏的沿廊让整个房子充满欢快的情绪，而当人们将视线提升至沉重的铸铁阳台时，面具般的栏杆又使建筑多了些戏剧性的变化。

虽然在世界各地的传统建筑中，从来不缺乏曲线，但像高迪这样自由地在建筑中使用曲线的，真是鲜见。18 世纪的艺术家兼作家荷加斯（William Hogarth，1697—1764）曾提出一个相当著名的论点：“蛇形线赋予美以最大的魅力。”从人机工程学对于人类视知觉的研究层面上说，曲线的语义相当丰富多样，如浪漫、柔美、绵长、混乱等，且在表现一些抽

象意象上有更贴切的传达。更巧妙的是，在表现空间感与层次上，曲线比直线更易造成视错觉，从而达到一定的设计目的。多变的曲线给予人们的总是比直线更易于接受的亲切之感，藏匿了锋芒，外露了包容。

巴特罗公寓

我们可以用曲线来使空间变得复杂、层次多样，相反也可以通过曲线使其变得简单。高迪设计的巴特罗公寓门厅，便是利用一条曲线使水平的地面到垂直的墙面再到水平的天花板，三个维度的空间连在一起，从而引起视觉上的简化，达到空间灵动的效果。这种方式在他的作品中曾频频出现。

巴特罗公寓细节

当我们沉浸在高迪建筑梦幻般的曲线中的时候，似乎又惊异地发现，他企图打破纵横空间维度的这种手法看似非常的熟悉，仿佛就在当下的某些细节中。的确，这些线条很自然让我们想起另一位建筑师和她的一系列建筑。也许两者从第一眼看上去有天壤之别，但当剔除了表面浮华的一切之后，却又惊人的相似。这个人就是当下建筑界话语的热点——扎哈·哈迪德(Zaha Hadid，1950—)。她的建筑像是上天造物，让人忘却规矩、忘却机械的生存法则，如同儿童的玩具掉在地上。在她的作品中，最多见的手法也便是打破建筑传

我们可以用曲线来使空间变得复杂、层次多样，相反也可以通过曲线使其变得简单。

高迪所设计的建筑内部

哈迪德所设计的建筑内部

统维度上的规则，用曲线将其自由连接与拆分。只是这种打破已全然不只是内部的几面墙，而已经延伸至整个建筑结构。从表面上感受，这是建筑的内外部的装饰发生了变化，实际上则是由于时代对设计的要求变得比以往更简洁明了。

时空杳渺，两位设计师用同样的天真心态，用大胆的曲线进行了相距百年的伟大设计对话。现在，高迪的生命之作——圣家族教堂——

修建了 100 多年仍未停止。这期间，大地之上又有无数的新建筑耸立起来，然而很多时候，我们仍然应该向历史去寻找答案。

关于曲线，在设计史上作为一种主题被提升到相当的高度。17 世纪至 18 世纪初，巴洛克风格在欧洲风行一时。人们首先看到了曲线出现在建筑的表面，建筑和其装饰不再是规则的几何形态，复杂的涡卷出现在室内外各处，洋溢着夸张与堂皇的气息。在家具的设计上，扭曲腿代替了方形腿。猫脚家具被大量使用，轻盈柔和之感一时充斥在设计作品中。随之而来的洛可可风格更是把自然贝壳的曲线形态放大到了极致，沉重繁冗的装饰几乎让墙壁都有承受不了的坠落感，可谓曲线的滥觞。

斯堪的曲线

如果一定要赋予设计一些地域性特点的话，对曲线情有独钟的典型，无疑就是斯堪的纳维亚(Scandinavia) 地区了。斯堪的纳维亚地区包括丹麦、瑞典、挪威、芬兰和冰岛五个国家，位于欧洲高纬度的西部。在 20 世纪晚期，其设计风格越来越引起世界的注意。在中国，近年来这种被称为“北欧风格”的设计风格正有大行其道的迹象。虽然我们大多数国民都不曾踏上这片高纬度的寒冷地区，但这仍然不能减慢大家追求斯堪的纳维亚这种简洁清新异域风格的步伐。

未完工的圣家族教堂

虽然这种北欧简洁风格受到追捧、人尽皆知，但你可能没想到在非常多的地方，尤其是在室内设计的案例中斯堪风格被曲解，而后这种曲解甚至正被扩延。

正如我们所知道的，斯堪风格如果用“简洁”来形容是再贴切不过，但反过来简洁的造型却并非一定是斯堪的。松果灯、球形装饰、白蓝色调等这些元素是斯堪风格最大众、最易被人识别的形象，但单纯对元素的模仿也只能说是对表面的复制，算不上真正意义上的斯堪风格设计。斯堪最重要的主题是自然中最常见并且无处不在的“曲线”，但曲线通常被认为是复杂而不是简洁的，这种习惯性认识成为设计师对斯堪风格还原的阻碍。

我们找到了问题所在——就是如何用曲线仍能表达“简洁”这一内涵。

首先简洁并不等于简单，对斯堪地区的人们来说，为什么会形成这样的一种风格，跟其地域特点是分不开的。可以说，“斯堪的纳维亚”一词在过往的1000多年里，所形成的意义已不仅仅是指代地理范围，更多地代表了这些不同国家在历史、文化、政治等领域中积

高迪所设计的家具

巴洛克风格的家具

累的那些趋同的、异于其他欧洲国家特点的共同点。而设计只是其中一个层面。

斯堪的纳维亚有相当一部分地区处于北极圈范围内，时常有极昼的现象。漫长的白昼让人们对生活中所见的一切更容易厌倦，而避免厌倦的最好的方法之一莫过于简洁。然而，这种简洁绝不等同于简单。斯堪风格的确立足于功能主义，但却并不像以往在欧美现代设计中所看到的功能主义那样为了量产和满足使用需求大量地使用纯几何形式，它抛弃了德国、美国功能设计中严肃而冰冷的形式，将功能与地域特点相融合。对此做出的较大的调整之一，就是大量将直线转换为曲线，并更倾向于使用当地传统原料，如木材、皮革等天然材质，使得斯堪的功能主义显示出最大限度地调和了自然与现代社会的亲和力。

另外，斯堪的纳维亚地区有着相当悠久的北欧民主传统，其设计的核心是在建筑、家具、日常用品上体现出美。从其兴起之日起，便以日常生活、家居生活为主要的设计对象，它专注于普通人的平凡生活中使用的物品，力图以优质设计来满足大众日常之需。日常生活也有着优雅之美，因为它也是艺术的一部分。宽松、民主的基因在斯堪的纳维亚的文化血液中流淌，使这里的设计师从不以对立的思维来理解精美设计与日常生活的关系，而是将设计看作是艺术与生活之间的桥梁和将现实艺术化的工具和方法，从而实现努力为包括残障人士在内的社会所有的人服务的设计理念。因而无障碍设计在北欧地区较早得以开展，并产生了世界范围的影响，从而真正在日常产品生产中贯彻了人机工程学，并运用到人们的日常生活中。

这一点和中国的设计原则大不相同。将精英、上层的精湛工艺和平民的粗糙产品分化，对于国人来说是件习以为常的事。中国几千年的艺术史可以说就是统治阶层的艺术史。无论什么产品，给皇帝使用的才是最好的。虽有着令世人瞩目的精美工艺产品，但大多打着“官窑”、“御用”、“最高规格”的印记。艺术或者工艺设计的程度成为一种身份地位的符号表征，昂贵而精湛的产品成为社会趋同的追求，价值追求代替了真正的审美追求。

从民族个性上来说，斯堪地区的内在意趣是没有丝毫急迫性的，不刻意追求，一切都是以功能与美为主题。因为其自身的富足，所以能最大限度地追求对自然的喜好与想象；因为其民主，便无所谓炫耀，可抛弃虚荣的一切。当我们更在意有没有“风格”的时候，斯堪却真真实实是一种抛弃了“风格”的风格。这种“简单”对于正处在经济高速发展、对物质

迫切追求中的中国来说，连模仿起来都是有相当难度的。

庆幸的是，新的时代、社会与经济等条件在不同程度上改变着人们的世界观。现代的中国设计界开始更多地把眼光投向大众使用层面，一大批从普通阶层中走出来的设计师开始自由地选择面向大众的设计方向，也有越来越多的学者愿意以开启大众设计观念为己任，让不同阶层形成趋于同化的审美趣味。这一点让我们看到了希望的光芒。当斯堪风格最初被世界认知时，当地政府就认识到了它的重要性，不仅大力支持在设计方面对功能主义的改造，还努力引导设计师对本土文化的发扬，斯堪地区的设计在这种良性的循环下不断注入新的活力。如今这一特有风格已经在世界设计史上独树一帜并且占有重要的地位，其经典的创意已成为现代设计的楷模。无论如何，功能主义的核心是深入探究设计与使用之间本质的联系以及新材料与科技之间的关系，但从历史

北欧简洁风格的首饰架

以宜家为代表的各种北欧家具

的角度看，我们已经不能用纯粹的“功能主义”去形容这样一个流派，它更多体现的是自成一格的特点，是一种只能以其自身名字来命名的风格。

再看看我们熟悉的北欧代表性工业产品——沃尔沃汽车和宜家家居，我们感受到的是内敛、易于操作和自我享受，从传统陶瓷、染织、玻璃等日常工艺品中又可体会到优质、廉价与日常乐趣。而建筑上，看阿尔瓦·阿尔托（Alvar Aalto，1898—1976）和沙里宁父子（Eliel Saarinen，1873—1950；Saarinen Eero，1910—1961）这些斯堪风格代表大师的作品，除了那些如同北欧起伏山峦、岛屿及海岸线般浓得化不开的曲线外，或多或少我们都能体会到一些更深刻的东西。斯堪风格在中国现代社会中产生的共鸣，也正体现了国民日渐增加的对无论如何，更多的学习模仿都是为了自我的展现。对北欧风格的误解也从另一个角度说明了不同地域人们的需求所存在的差异，还原本土生活状态与需求才是设计需要把握的重点。

真正的民主设计的追求，对自由与自然的向往。但对于其风格中曲线的运用，乡土的回归性学习，仍是一项复杂的课题。

在把握风格这条路上，一直存在着两种方式。其中一种是对固有元素的借用，这是一种表面的模仿，难有实质性的发展；真正的风格设计是对其内在精神的渗透与解读，直到达到可自由转化为自己的设计元素，实现“无一处斯堪，却处处斯堪”的效果，才是达到大境界。

中国亦有自己独立于世的性格与特色，历史积累远比斯堪的纳维亚地区悠久和丰富。我们民族的内敛和与体制相协调的中庸的性格、所谓物化在外的艺术，无一不具有相当优良的传统。当我们不能纯粹模仿他人的风格的时候，是不是也可以找到自身的切入点，将风格进行结合与转化，或者干脆坚守自己的纯粹呢?

无论如何，更多的学习模仿都是为了自我的展现。对北欧风格的误解也从另一个角度说明了不同地域人们的需求所存在的差异，还原本土生活状态与需求才是设计需要把握的重点。

当情感也可以量化

情感可以量化吗?

人类正视并研究自我内心的情感构成，已有几百年的历史。1750年，从德国哲学家康德(Immanuel Kant，1724—1804)完成他历史性转折的《美学》开始，这种对人类情感特征的研究就从未间断过。“美学”是对人类的心理活动，即“知”、“情”、“意”三方面中的“情”的研究，继研究“知”的伦理学和研究“意”的逻辑学之后，开辟了人类情感自我认知的新窗口。

然而几百年过去了，当美学那些形而上的晦涩理论与现代商业和信息社会相碰撞，加之蓬勃的现代设计转向从传统美学中汲取营养，以至于现代我们亟待更有力的关于人类情感研究的新学科补充进来——可能是多元的、跨学科的、冲突而相长的，绝不束之高阁而是具有明确的指导意义的。

在传统研究里，绝大多数人可能都不理解，也不主张有一门学科将情感“量化”，因为这似乎违反了情感的初衷与本意。但不可阻挡的，以“情感量化”为主要研究内容的学科还是诞生了，它被命名为“感性工学”，英文表述为Kansei Engineering。

感性工学在工业设计上获得了一些成果，这似乎证明，情感的确是可以量化的。3.1米高的天花板给人的空间感觉要比2.8米高的天花板增加0.5分；露出8颗牙齿的微笑要比露出6颗或者14颗的更让人感觉亲切。这看似有点可怕，因为感性与感觉常常被认为是情感的表达，它的迷人之处正因为其难以琢磨，如果连这都可以量化，那是不是连浪漫或者爱情这类心情都可以用数字来计算呢?

Mazda-RX7FC

来看看都是谁提出这种概念的吧。作为日本 MAZDA 汽车公司社长，山本健一在 1986 年的时候大谈特谈汽车与文化的重要关系，认为汽车应对文化作出不可替代的贡献，而这种贡献就是“感性工学”，比如研究如何让人在驾驶或者乘坐汽车时感觉更舒适，通过改变座椅各项性能与加强内饰设计，来满足乘坐者的感性需求。他在横滨建立了感性研究室，并据此开发了 PERONA 汽车，从而在汽车业界引起了广泛关注。

其实，早在 20 世纪 70 年代，致力于人类工效学和安全工学的日本学者长町三生 (Mituo Nagamachi) 就开始研究感性工学了。曾获得过美国人类工程学学会“优秀外国人奖”和国际安

福特金牛汽车“Ford Taurus”

它是福特公司吸收马自达汽车的“感性工学”设计概念后而设计的车型。

全人类工效学学会"安全人类工效学奖"的他，先后撰写了多部著作，其中《汽车的感性工学》、《感性工学与新产品开发》及1989年所著的《感性工学》等都成为我们认识感性工学的必读书籍。

随着感性工学在学科领域的推广和不断被人学习，其研究的方法与方向也不断被更新。感性工学原本与人机工程学的层面相符合，研究方法上也有着直接关联。感性工学作为一个科学系统，仍以人性需求为优先考虑要素。而现在这门学科越来越多地展开对人体、人脑机能及人的情感和反应特征的研究，已完全打破各学科的界限，试图用理性与科学的方法对人与物之间的关系，人对物产生的情感及这种感情如何形成、形成程度进行研究。在这门学科里，理性科学与感性科学再次相逢且不可分离。

正如前文中所提到的，感性这个词可以理解为外部环境通过感觉器官传递到大脑，经过分析后产生的更深层次的心理变化。感觉器官收集到的外界刺激如视觉、听觉、嗅觉、味觉及触觉综合传达进入大脑，经过分类、分析和处理得到一个综合感觉。感性的认知能力是人都具备的基本能力，消费者接触消费品的时候会产生感性的认知。一件产品从色彩、外形、气味、触感等方面都会对消费者产生一些影响，这些刺激综合在一起会让消费者形成感性的认识或者联想，但对于消费行为而言，其结果必定指向购买或者不购买。

所以感性量化的方法，必然是从"购买"这一认识出发，反向推导出引起这一感觉的必要信息。可以想象这是难度多么高的一件事啊。想一想，每一种引起感觉的因素都可能随着消费者年龄、教育、生活习惯、地域等因素的影响而出现差异，甚至同一个消费个体都会因某一时刻周围环境的变化而出现心理上的细微差别，甚至只是因为导购员的一句话，便会引起消费行为的达成或者失败。对于设计师，这是一项比在图纸上写写画画更重要的工作！它帮助设计师们抓住消费者的心理需求，提炼成具体设计元素，从而在设计产品的时候赋予其在功能上对消费者的关怀，抑或审美上对受众的"灵魂"抚慰，而这些细节将会通过产品传递给消费者。

感性工学既然是作为一门工学研究，无论是从消费者感性认知反向推导，还是最终形成设计元素，都应该有具体数据来支撑，也就是需要具体的数字来解读模糊的感性，是个将感觉与感受量化的过程。

聚类之树

那么，感性工学既然是作为一门工学研究，无论是从消费者感性认知反向推导，还是最终形成设计元素，都应该有具体数据来支撑，也就是需要具体的数字来解读模糊的感性，是个将感觉与感受量化的过程。这个过程看似复杂，但从思辨角度来讲，却也是完全可实现的，它依赖的是统计学和科学实验。

通过对大量目标对象的个体进行测试，测试对象对一些特定图像、色彩或环境所产生的反应，测试方式包括问卷调查、交谈问答，必要时也可通过测试脑电波、大脑活动区域及幅度测试，甚至是皮肤电气反应（人在不同心情的情况下，皮肤表面汗液的分泌量也不同，皮肤电气反应基于这一原理的仪器测试，与测谎仪相似）等，来观察人对某一事物所做出的反应，并记录下数据以便于量化分析。

以笔记本电脑为例，设计师利用感性工学的典型方法科学地进行其外观的设计，提供

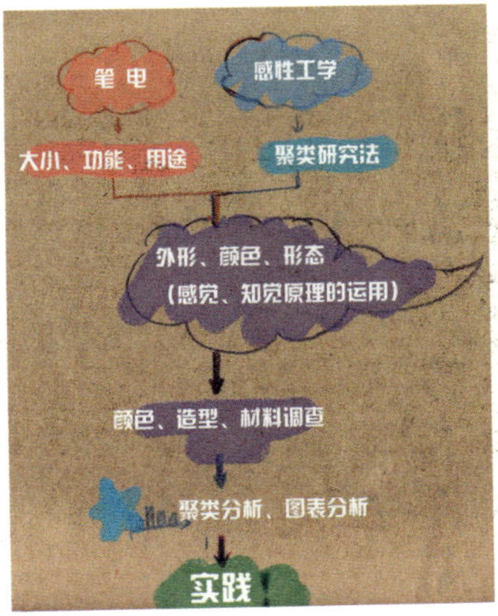

感性工学方法的设计流程

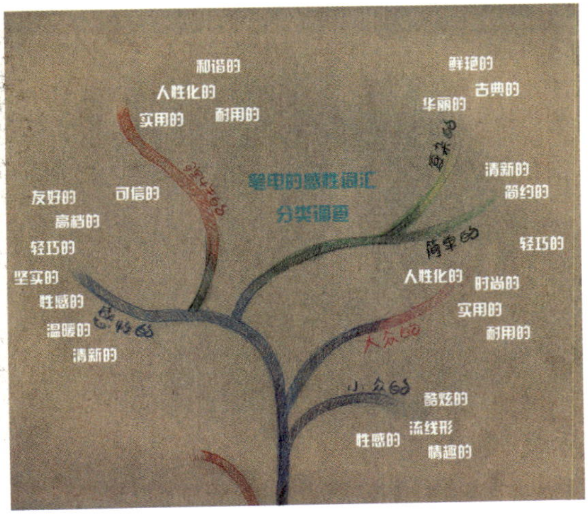

聚类之树

用户对产品的众多期待中最集中的表现，以提高设计在市场中的主动性。

调查从用户的感性认识入手，让其对预先给出的数十个形容词进行分类，把各自认为相似的词归为一类。当把大量的调查数据搜集到一起的时候，便会发现，每个类型都是以一两个出现频率最高的词汇为中心，围绕着一些其他低频词汇。各类中的中心词汇代表着不同性格的用户的集中偏好，中心词汇又以在各类中出现频率按次数多的优先被选择的原则层层集中，最后得到一至两个词汇，便是用户喜爱度最高的关于笔记本电脑的风格特点。这种方法还能用到其他各类的设计之中。根据设计的要求，多层次的聚类分析可以将分析进行得更彻底。

关于用户体验

当然更多的情况下，企业与公司为设计开发所准备的数据的取得，是基于前端销售人员开展的用户体验。简单来说，这只能算作是一种市场调查，有时并未用到感性工学的方法去进行分析，但仍不失为一种对设计很有帮助的工作。

现在中国广告公司进军国际市场的例子少得可怜，而国际广告公司早已争先恐后地在中国市场占有了相当的份额。作为消费者，能看到更多更好的广告，却不知道在这种强势力量的背后，这些国际集团花了相当的金钱与时间去做的客户体验与市场调查。

“崎田珍珠”东京店内部

专门以女性消费者为对象的“崎田珍珠”，其内部设计充满了女性消费者喜好的元素：纯洁、高贵、典雅。

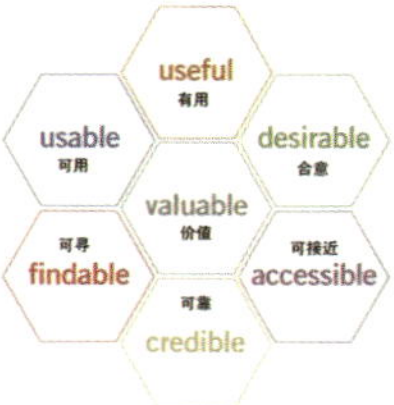

美国天联（BBDO）广告公司创建于 20 世纪 30 年代，现为全球最大的广告公司之一，在世界范围内拥有数百家分支机构。在它的经营模式中，关键的一点就是其在纽约设立的资料管理服务中心（M.I.S）为其所属的分支机构提供消费者的背景资料。而各地分支机构也都设有小型资料管理中心，储存与本地消费者有关的背景资料及当地的市场基本资料。这些资料被视作天联制胜的法宝，它让这个美国公司克服了不同国家间文化、经济、审美、生活方式等的差异问题，从而制定出符合各国国情的广告战略目标。在资料管理服务中心所提供的资料中，有一套特别的研究程序——问题探索系统，而为其列出潜在问题的就是专家所邀请的消费者。他们从无数的用户的意见中排除那些心理作用引起的问题，找到产品真正的缺陷，进而改进，以获得更大的消费群体。

然而在大部分的企业和公司，这种体验体系还没有很好地建立起来。严格来讲，不同的阶层看待问题的角度和出发点都不一样，对于设计执行部门来说，如果能更多地将设计的概念放诸消费者群体中，而不是总考虑直属领导、项目管理员甚至首席执行官这些自认为是市场专家的人的意见，其设计应该会取得更好的销售额。消费者总是敏锐的，一点点小小的设计变化，他们都能很快地感受到并做出评价。

同时，成长调查也是现在所非常缺乏的。大多数的客户体验与调查在产品上市后一段时间就结束了，就像楼盘开发商在房子卖出去后就再也找不到踪影了一样。这样的做法只是使该次销售目标完成，但对于较长一段时间内的整体运营，就无法通过数据进行分析对比了。对同一群人所做出的追踪与成长调查，可以使用户体验更加深入，增加用户黏性，减少客户流失。

幸好我们生活在一个信息化时代，对交互页面的数据量变化情况的监控、用户行为数据的变化以及流向都是采集此类信息的便利渠道。

因而，越是成功的感性工学成果越能指导设计营销，越能创造出更有整体消费氛围的环境。

与上文电脑设计案例相同的是对于自然界收集到的图案元素的运用。严格来讲，色彩和纹样都应该经过提炼，进行适当简化或者丰富后才可以使用。那么提炼到什么程度才是适应需求的？这些同样可以通过运用感性工学方法进行筛选以达到指导设计的目的。

比如，想知道18-30岁群体女性对条纹在半裙设计中运用的偏好，我们可以首先通过主观观察，筛选出20-30种具有代表性的条纹半裙样式以及10对评价感觉的形容词，让被调查女性先多项选择出喜爱的款式，然后把喜爱的样式与10对评价形容词进行配对，这样我们便可以综合得出不同方向、粗细、曲直的条纹搭配不同款式的裙子所给人带来的不同感受。例如，较宽的横向条纹配合大摆幅半裙，会产生“膨胀”、“大方”的感觉，而深浅倾斜条纹配色的细条纹配合小摆幅修身半裙，则让人产生“动感”、“眩目”之感；直接模拟斑马纹的不规则条纹会让不同款式半裙显得“时尚”、“粗放”，而斑马条纹变细后的半裙则更多地被冠以“优雅”一词……结果发现，这些条纹半裙自然地分离成了以个性因子（如野性、大方等）聚合和以外观因子（如膨胀、纤细等）聚合的两大类。我们就能根据不同的需求，在设计中有目的地使用个性因子或外观因子给人带来的不同感受。又比如，如果进一步将所有形容词按其相似程度进行归类，其所对应的样式就可以被分成几个大类，从每一类数量的差异上，可以得出测试对象所代表的年轻女性中大多数人的喜好度。

当然，某些图案，尤其是条纹，在生活中常被运用在特殊的服装上。所以设计时还应考虑避免产生不舒适的联想，比如病号服、囚服常用到条纹，避免衣服的款式和条纹样与特殊服装相仿，以免造成尴尬。相反则是有效的模仿，比如刻意运用海军蓝设计条纹自然会让人有海军风格的联想。总之，设计师能将感性工学引入服装设计中，将更有效率地设计出适合市场需求的产品。

需要记住的是，闭门造车式的方法更适合艺术家而不是设计师们，从消费的终端直接提取信息反向指导设计，将大大降低设计不被认同的概率。同时，这种提取信息不是简单地直接问客户他们想要什么样的东西，而是通过科学地收集客户兴趣爱好等信息，分析得到大多数人的共同认同点。就好比在进行室内设计的时候，设计师直接去问客户想要什么颜色、什么风格（大多数客户并不十分清楚风格到底指的是什么，更无法分清其之间的差异），不如对客户进行简单的色彩和心理测试来了解其性格和色彩偏好，以确定风格和颜色；或者跟客户进行轻松家常式聊天，以试探他（她）的性格、习惯、文化倾向（更东方还是更西方，传统还是开放），信息越详细越好。因为我们总是发现，越是了解一个人，越清楚他会喜爱什么。

幸好我们生活在一个信息化时代，对交互页面的数据量变化情况的监控、用户行为数据的变化以及流向都是方便地采集此类信息的渠道。

半裙着装示意图

半裙是大多数女性喜好的服装款式，通过调查，我们能看出各种有关用户体验的数据。

感性工学的当代发展

到20世纪90年代，日本产业界全面导入感性工学理念和技术，大到城市规划、建筑、住宅、汽车工业、家具、家电，小到日化、女性护理用品、劳保用品以及装饰品设计、染织、纤维等领域，都对感性工学技术进行了消化并将其应用于新产品的研发。后来，这项理念在纤维产业中的应用与学术研究渐渐超过了汽车产业，处于领先地位。在学术界与政府的共同重视下，学者们对这项工程展开了各项联合调研，在1995年如期举行"感性工学讨论会"，并且于两年后成立了"日本感性工学学会"。

人类工效学和感性工学在世界各国迅速发展起来，欧洲各国都建立了自己的研究机构。英国在诺丁汉大学建立了人类工效学研究室，这是欧洲较早研究感性工学的机构。德国的波尔舍汽车公司、意大利的菲亚特汽车公司和美国著名的福特汽车公司，都在生产中运用到人机工程学和感性工学。在亚洲，日本是研究感性工学的发源地。在其邻国韩国，现代汽车和三星电子都已有了相当深入的感性工学的研究。在中国，感性工学在设计上越来越显现出其影响，并已初步地进入工业生产的指导中，虽然在很大层面还停留在研究上，但已受到越来越多的重视，表现出巨大的潜力。

一些经典的网络表情：QQ、猫扑、兔斯基、悠嘻猴、黑背……甚至走下了虚幻的网络，成为了看得见摸得着的实体公仔。

城市系统的表情

所谓表情，这些符号化的意义图示，总是带有一些模仿不来的特殊性。从BP机时代的“：D”（网络上常用的微笑表情符号）到即时通信软件里丰富多彩的动感图标，当下这个时代已经是不折不扣的表情时代。一些经典的网络表情如QQ、猫扑、兔斯基、悠嘻猴、黑背……甚至走出了虚幻的网络，成为看得见摸得着的实体公仔。它们不仅成功实现了巨大的经济利益，同时也具有强有力的凝聚力。

也许你没有注意过，利用表情而走入大众视线的艺术家、艺术人数量也相当不小。方力钧数十年如一日的泼皮笑脸、张晓刚在《大家庭》中的麻木表情，还有数十年拍着同一题材的摄影师，很多年画着同一人物的油画家，在时间的更替中，让人们产生了从陌生到亲切的印象，于是被人记住，而这些表情，成为人们识别这些艺术家们的符号。

国家和地域也有表情，它们通常通过古老的风景或建筑来实现：碉楼是广东开平的表情，红场是莫斯科的表情，圣索菲亚是土耳其的表情。而当我们想到埃及，脑子里就积满了黄沙，想到希腊眼睛里就一片湛蓝。然而对于没有传统地标的城市和新兴城市，它们的“表情”在哪里呢？以往的生活经验告诉我们，人们总是想到一件具体的东西而回忆起一个地方，因为一处显眼的招牌而记住一条路，因为一种小吃而喜欢一个城市，情绪往往在细节里酝酿。“城市表情”就是这样的细节，被用来增加被记取和回忆的可能。

日益开放的国际交流中，大大小小的各国城市开始接纳世界各地的旅行者，越来越多的以前不为世人关注的城市呈现在东西方好奇的眼睛里。面对信息庞杂的世界，对城市的认知必然要依赖一些有特点、有系统的“表情符号”。城市的规划若能够对道路、街区、公园等都赋予一些特别的、有地方特色的“城市表情”，城市看上去便更有“系统特色”，那么在整个国际情境中就具有了更高的辨识度，也增加了城市的自信与凝聚力。

红色和黄色是拉萨的城市颜色

系统表情还会让整个城市景观变得协调，即便是城市增建或扩大区域，也都可在同一系统下进行新规划，在一定程度上也节约了设计资源。人们包装产品、进行企业形象设计的同时，也应拿出一点心思来包装一下城市。因为城市跟家不同，这是一个每个人都难以脱离的环境。我们生活在一个城市几十年、上百年，甚至很多世代，对城市进行规划设计远比对居住几十年的家的装修更为重要。特别是当前农村城镇化现象日趋明显的中国，可以预见在不远的将来城市数量将以惊人的速度递增。所以城市如果进行规划，更应考虑到人们不断提升的精神需求，保持城市景观设计的可持续性，并且要考虑周到。西方城市在这条路上已经走了很久，他们从来不相信用口号或者横幅就

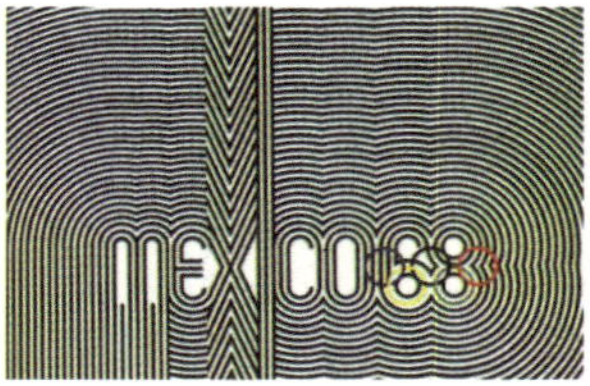

1968 年墨西哥奥运会的标识

能规划城市，真正的规划就应该是一种无比细腻、春雨润物般，同时伴随着强悍的手段。在美国即便是民居住宅，在对外表进行装修与装饰的时候，也必须要遵守当地政府颁布的一些细节上的规定：外侧的屋檐是否能挂垂落的装饰，装饰的形状如何，施什么颜色……在规定中都会有所限定。在考虑这些具体因素的同时，负责政府统筹设计的园景师和城市规划师则事先对植物颜色、落叶季节和周边可能存在的湖泊、住宅颜色以及坡地等进行统一设想，让各种建筑和谐地共处在一个舒适的色彩视觉景观中。即使是树木，也预先设计成区分品种栽培，尽量安排植物在不同季节交替落叶，让景观的整体性充分延伸。这样一来既控制了整个区域视觉上的整体性，又保证了各家各户的个性需求。

在众多利用设计的手段改变整个城市的面貌以体现对外的个性特点的案例中，有一个经典的例子——1968 年墨西哥城奥运会的形象系统设计。这次的项目设计工作难度很大，因为墨西哥城承办奥运会并没有专门设奥运村，所有比赛都将分散在城市各处的场馆中举行。墨西哥城原有的道路交通标识就相对混乱，面临着将来庞大数量的各国运动员以及无数涌入这个城市的观光客，如何将他们顺利引导到要去的地方成为第一个要解决的问题。全面拆除旧有的标识设计显然是不现实的，摆在设计主持、建筑师瓦兹贵兹 (Pedro Ramirez Vazquez，1919—) 和设计师兰斯 · 威曼 (Lance Wyman，1937—) 面前的难题是，如何让新的系统标识设计与原有的不科学的标识区别开来。

威曼做了个大胆的决定，放弃当时流行的国际主义风格，转而保留墨西哥本土的民族文化元素，在古老的印第安文化中寻找设计动机。在指示标志上，他们在门票、手册上做了详尽的提示，尤其是利用色彩功能来达到设计效果。比如在城市地图上，用彩虹色彩分别标示出主要道路。而在现实中，这些主要道路的人行道边缘上，也被涂上相应的颜色，这样方便了外国观众通过地图寻找道路。此外，设计者们把比赛门票设计成不同颜色，代表不同的赛事，同一场赛事也通过不同的颜色来区别方位区域。《纽约时报》在描述墨西哥城的奥运会标识设计的时候说：只要你不是色盲——在墨西哥城内，即便你是文盲，都能顺利找到你要去的地方。

威曼本人在这个设计结束后开设了设计事务所，把这种经验用到了各种大场合的系统设计中去，他本人也因此成为当代系统设计的重要奠基人。如今，你可以在很多举办大型公众活动的场合看到这一设计概念的运用。也许就在你下一次参加演唱会的时候，看到各

德国交通灯小人

色座位划分，你就会想起正是那个曾经“混乱的墨西哥”给你带来了今天的便捷。

正是采用了色彩形象这一通用的“语言”，设计才跨越了文化、语言、地域的差异。它利用人们对色彩的敏感与直觉，对图形的感知与联想轻而易举地做了沟通。

在德国，也有一个极富传奇色彩的城市文化符号的例子。人们对东德的认识不仅仅是柏林墙上的涂鸦，东德的交通发达程度在世界上也可以说是首屈一指的。在东德被人们所喜爱并引以为豪的，就包括那里随处可见的交通标志——“红绿灯小人”。现在，这两个可爱又略有些肥胖的小人已经不仅仅停留在交通灯中指示行人等待或者通过，而是作为一种新形象走进了普通家庭，走进了人们的生活中。

东西德合并的时候，作为原本东德的人行道交通标志，“红绿灯小人”一度被废弃，甚

代表东德标志的
“红绿灯小人”

至被人们遗忘。它之后的流行还要感谢一些怀旧的人们，其中有一位是来自图宾根的设计师马库斯·海克豪森（Markus Heckhausen），他利用废弃的交通灯，设计并制作了一批玻璃灯具，并得到了大众的青睐。从此，“红绿灯小人”开始以一种全新的形象进入人们的家庭与生活中。1999 年，海克豪森与其合作人共同设计推出了第一个“红绿灯小人”的产品系列，除了灯具，调料瓶、开瓶器、橡皮糖、冰箱贴、钥匙链和茶杯图案，甚至室外指示牌、护栏等，都充斥着这一形象。之后，小人还摇身变成交通安全宣传员，为德国的交通安全宣传不遗余力。这一切，不仅让海克豪森和他的合作者们得到了巨大的商业利益，同时也让城市变得亲切可爱，“红绿灯小人”还拥有大量的拥护者，他们成立了“拯救‘红绿灯小人’联合会”，通过各种极富创意的方式呼吁人们保留“红绿灯小人”这对“东德最后的标志”。西德人也渐渐被感染，从而放弃了之前刻板的交通形象，开始使用“红绿灯小人”。

我们发现，这对看似简简单单的“红绿灯小人”在特殊的时代及政治背景中，在设计师的推动下死而复生，同时以重要的商业及历史符号形式，实现着它不可估量的价值。这价值不但是回报给设计者本身的，它同时改变了整个德国的景观，改变了柏林，成为这座城市的代言，甚至给予这片土地上的人们更多的信心与凝聚力，让来来去去的人们想起这城市都会因这幽默可爱的小人而会心微笑，再难忘却。这便是符号的力量。而这样的例子，恐怕在世界上都是极少有的。

彩色的城市

在亚洲，日本在城市规划中率先做出了以色彩为基调进行形象设计的尝试，并已有了 20 年的经验。

日本以前的城市规划主要考虑安全性与成本等因素，随着国民经济及民众素质的提升，个性化城市的呼声渐强，政府颁布了由色彩协会参与创制的《景观法》，以法律的手段对城市建设中不科学的色彩使用行为进行控制与约束，对这些“色彩垃圾”进行处罚。为了进行专业的指导，“环境色彩规划家”这个新兴职业诞生了，且备受尊敬。

我们回顾历史时会发现，在 20 世纪 70 年代的反传统反文化的浪潮下，西方很多城市的建筑为了标新而使用了鲜艳的色彩，力求从周围环境中脱离，日本也受此波及。为了改变这种情况，日本开始了综合规划之路。规划统一的色彩并不指统一成一种颜色，而是科学而和谐地使用颜色。在日本，由于公民守法意识强，因而这项法令得到了很好的执行，并因此消除了一些不协调色彩。

现在，日本的大型城市已经建立了比较规范的城市色彩机制，其原则是在不破坏色调统一的情况下少量使用一些变化，以增加活力。不同的城市甚至还对自身的特点进行了重新审视，并找到一些与地情相符合的特征色加以强化。比如在冬天积雪很多的村镇，屋顶的坡度一般较大，于是设计师们将城市的色彩设计成灰色调，这样淡灰的屋顶连成一条天际线与白色形成舒适的对比，异常美丽。对于那些古老的城市，由于建筑有了相当长的历史，于是为了在新的规划中不与其发生冲突，便事先对这些原有的颜色进行采集分类。例如，东京绝大多数的建筑色彩是橘红色，那么从色彩美学上来说，与其色彩跨度较大的颜色就不太适合了，如绿色、蓝色，还有其补色——紫色都要慎用。

现在的日本城市，已经习惯了不用过于鲜艳的色彩来进行建筑装饰。在绿化区域、城区或者景区，建筑与其周边的植被、河流、山林土壤等的色彩都融为一体，整体协调。东京这样的大都市也在规划下日益变化着，而京都与奈良这样的古城更是以保留历史感作为城市色彩规划的前提。

显然，整体协调的城市色彩是广为人们所喜爱的。中国许多城市也开始了对城市色彩规划的探索。其实在中国本土也有许多传统城市在色彩上可以提供良好的范例。比如：徽派建筑的粉墙黛瓦，总是能与村镇的青色石板、金色稻田和绿色山林相辉映；小城苏州灰白、深赭色的或民或官的建筑与其河流、园林和小桥融为一体。日本规划师吉田慎悟（Shingo Yoshida，1949— ）曾说：“无论一条街道，还是一座城市，它都有历史的连续性，我们要强调用色彩表现出来。”我们回望历史的时候，总能发现色彩在那些经典的规划中所处的重要位置。

我们还能从世界各国的城市中找到一些特别的例子，因为它们不是用统一色调，而是刻意地强调色彩的多样性，所以都具有令人难忘的印象。威尼斯的外岛“彩色岛”(Burano)，以彩色的建筑而闻名。威尼斯各地都不允许用过于鲜艳多样的色彩装饰城市街道与外墙，

面具也是威尼斯的城
市标志之一。

美国街道植被配色

日本村庄

现在的日本城市，已经习惯了不用过于鲜艳的色彩来进行建筑装饰。在绿化区域、城区或者景区，建筑与其周边的植被、河流、山林土壤等的色彩都融为一体，整体协调。

所以游人印象中的威尼斯总是古朴的绛红色。而彩色岛却有独特的“待遇”，把房子全刷成了彩色。据说，这是为了让渔人在大海远处辨认自己的家。无论历史如何，在政府的支持下这里保留了彩色风格。这彩色也并非杂乱无章，因为所有房屋都保持在一个高纯度色彩的统一中，使人不会觉得哪一处突兀。这个法则也是众多“彩色城市”所必须遵循的原则。否则，不同色度、色调、纯度的建筑在一起将非常混乱。

挪威的朗伊尔城 (Longyearbyen)、巴西的萨尔瓦多 (Salvador)、意大利的马纳罗拉 (Manarola)、波兰的弗罗茨瓦夫 (Breslau)，还有城市中的某些区域如开普敦的马来区 (Bo-Kaap)、布宜诺斯艾利斯的博卡区 (La Boca)，这些都是最著名的彩色区域。某些城市的色彩系统的形成有的会略带些复杂的政治原因或其他因素——比如印度蓝城焦特普尔的产生是因为人们崇尚这种代表着贵族的色彩，也有说是迫于统治者的政令而形成。但这些城市的面貌与现代城市色彩规划的目标相似，都让人对其产生深刻的印象，体验城市的个性。

对于中国，吉田慎悟所强调的“历史连续性”在这里是最不缺乏的。这也是中国城市有别于其他任何地域的最大特征。由于面积广阔而又有传承，中国的每个城市都有着统一的文明和不同的文化特色，工业特征、林业特征、渔业特征、教育特征……这些都可以作为一种表征再现在世界面前。从城市色彩或是从平面标志上去突出这种特色，正是中国当代城市规划

威尼斯彩色岛

彩色的开普敦马来区

最应汲取的资源。

人类总是改造着生活家园，希望诗意地栖息在这片广袤大地上，很多城市也都加入了“新理想国”的蓝图。例如，巴黎这座在古老规划下运行了数百年的城市，也即将通过规模浩大的工程被打造成“生态巴黎”。甚至在沙漠深处的阿布扎比，也将投下数百亿美元的巨资，着手把 27 平方公里的萨迪亚特岛建设成一个“欢乐岛”，而这个“欢乐岛”的主题符号则是高端的文化乐园，其中还包括了著名的卢浮宫分馆在内的一些由全球顶尖建筑设计师所设计的项目。选择“文化”这一主题，正是改变世界对石油王国经济发达而文化落后的旧印象、树立新形象的最佳手段。

真正的帝国

也许巴特尔 (Roland Barthes，1915—1980) 在写《符号帝国》的时候也未曾想到，由信息网络、大众传播与大众消费共同培育出来的“符号”已经被妖魔化。原本关于符号的想象多么美好，一点点传播学加上一点点的符号概念，带来了营销的黄金时代。比如前文所说的城市系统形象设计，也正是将城市的形象符号化，以被世界更好地认知。但当前的符号化却已经远不止如此了。

谁都不会想到，当代电子信息媒体和网络平台的构建形成了信息的强大交互，使杂乱无章的符号如

20 世纪 80 年代西德流行的朋克风

滚滚而来的洪流，冲垮了最后的沟通防线，影响着每个人的生活。人性表面的脆弱伪善，所有好奇的、审丑的、仇恨的、羡慕忌妒恨的情绪在这个公众话语时代，一发不可收拾。不能埋怨的是，谁让网络给予平民话语权的同时，却没有同时设置一个检验其社会责任感的程序呢？最终从中得利的就是那些"符号"的创造者和符号行为的记录者。

维多利亚风格、沙漏裙、朋克装、艾迪的黑色眼线……是曾经的美好符号，重要的是，他们曾是精神的符号，是迪奥、维维安、沃霍尔这些人自我内心的舞蹈，他们带领着民众进行时尚的狂欢。而现在精神变成金钱，所有的符号都被冠以品牌之名，人们渐渐忘了经典的形式其实是与品牌无关的，品牌的价值在消费时代被西方人推上了顶峰，并以

规划中的扎耶德国家博物馆

“朋克之母”维维安·韦斯特伍德（VivienneWestwood）

此在全球市场营销，获得巨大成功。却没想到这些曾经代表着各种精神符号的产品在东方却没能保持住其诞生之初的谨慎与客观，反而被东方人神化并加以膜拜。对西方人来说，消费名牌是一种生活，是精神上的追求，一生一次即可。而在东方，消费名牌变成了一种必需，无论是一味从众的追捧，还是为了炫富，消费者大都不知品牌的优越性到底在何处。不过想来，两者都了却了一种精神上的追求，只不过前者是富足，后者是虚荣。

于是金钱都跑到了外国人的口袋里。一个皮包为什么贵得能买辆车了？为了很好地解释这种怪异的现象，产生了这样的一个词：商品的附加价值，而且是巨大的附加价值。不得不再次感叹，不是你改变了设计，而是我们都被设计给“设计”了，堕入这个巨大的商业价值体系中，却并不自知。

如果换个角度思考，试想一下，如果商品只存在功能性消费，所有产品价格都由其功能和质量来决定，就不会出现所谓的“购物狂”，更无法实现商品竞争了。从一定意义上讲，人们为商品的附加价值所付的钱，也正是对他们的消费心理的一种补充。这种补充作为一种必要条件逐渐构筑起了品牌概念的巨塔。

解读复古——设计的读心术

关于纤维或染织等设计，可以用类似的方式对目标人群进行调查。这样做的意义非常重大，尤其是对一些经典元素或图案，比如圆点、哥特、条纹、 莨苕叶、大马士革等。它们在历史上都曾经流行，并总能在沉寂一段时期后重新回归并成为大众视线的焦点。尤其是在当前这个设计多元的时代，对经典的崇拜已经变成一些人的常态，他们热爱复古至无以复加。当然，经典重现跟设计师的主观愿望和设计营销有着直接的关联，但当你翻开手边展示新一季流行趋势的杂志时，那种与你视觉上擦出的火花，与你潜在意象上的共鸣，不折不扣地存在着。更可怕的是，你第一次看到的最新设计的纱裙竟让你产生了似曾相识的感觉，这怎了得？你的想法竟然已经被人洞悉个遍！你也许会问，这种力量究竟来自哪里？再伟大的设计师也不过是凡人，但是，不得不承认的是，越伟大的设计师越是具备一种能力——读心术。

当然，这种读心术跟魔术、巫术、占星术统统都没有关系，细心的人可能早就发现了这其中的秘密。

读心术之一：

为什么设计师尤为青睐“复古”，传统的元素又为什么一定是必不可少的呢？

答案很简单，因为在人类众多的美好感觉中，“似曾相识”是最能引

无论哪种复古都是相对的，这是至今依然流行的维多利亚风格的首饰。

起共鸣和心跳加速的。正如宝二哥第一次见黛玉时所说的那句“这个妹妹，我曾见过的”，再没有其他的字句能形容这种“半生虚度、一时惊见梦中人”的那种心悸的感觉了。人对人是这样，人对物同样也能产生这种情结。这种情结的重点是要介于“相识”与“似曾”之间：觉得曾见过，又未曾真见过，既亲切，符合脑海中的潜在想象，意象又是模糊的。而传统中的经典提供给设计师取之不尽的“似曾相识”的元素，他们选取其中为大多数人所熟知并能引起好感的，而非那些艰深遥远不可及的。潮流毕竟是想引起普遍共识，所谓的“小众宣言”不过是针对大众渴望与众不同的心理的一种说辞。

再者，除却视觉上的共鸣，即便是遇到理性的消费者，“传统经典”无论是在使用时限或是历史格调感上都会更胜“新兴流行”一筹。

读心术之二：

复古设计的灵魂在何处？新一季的设计产品，无论如何重复与模仿，它们都必然跟当年那个经典模本存在着差别。这个差别可能巨大也可能非常细微，但却是一件设计作品的灵魂所在。因为从人的心理上分析，经过时间与历史的洗礼，人们的审美情趣已经与当年产生了巨大差别，无论蓬巴杜的裙撑再可爱美好，维多利亚的蕾丝帽再高雅，如今的女人也都不可能真的束着身，把胸部托到几乎顶着下巴出门。她们要的只是其中的关键词，如可爱、高雅、性感，以及形成这些关键词的元素的细节，比如裙摆蓬度、蕾丝、酥胸小露等。

复古花苞裙

唐代女性的石榴裙

当下亦有当下的审美，现代西方对人体的审美也经历了从健康到骨感，又到健康，以及到现在更注重的自然感的过程。在中国，我们再也回不到梦中的唐朝，胖美人们一时半载还不能成为潮流的宠儿，但当年那些蛾眉簪花、薄衫轻透和红得让人沉醉的石榴裙依然可爱，可以流行。

设计师把经典的元素跟当下的审美结合在一起，运用适当的复古元素表现当下审美，结合得越天衣无缝就越能打动人。当下的情趣决定了现代设计与传统模本的那些细微差别，决定了新设计的灵魂。

最后一点要注意的，就是所有的一切都应是适当的、低调的和恰如其分的。人类的情趣越发展藏匿得越深，不再像古人一样表达强烈，“低调的奢华”、“小性感”、“微骚”这类词语被频繁地使用，正是贴合了这种欲言又止的内心写照。诸如此类的理由，足以让当下时尚界忘我地陷入复古的情绪中，20 世纪 50 年代的赫本风格、60 年代的波普圆点与条纹、80 年代的弹力裤、90 年代的印花连衣裙一时间同时重回我们的生活；并且，这种复古的情绪绝不会在短时间内就化成浮云，若你还未认识到其中的巨大魅力，就算不上一个真正的时尚中人。

鱼尾裙

自然界跟历史一样，是个巨大的设计宝库，其中的美丽形态取之不尽，那些极具美感的动植物们为设计师提供了诸多灵感，我们可以数出的最流行的元素基本都与它们有关。

野性与仿生的世界

设计是个受着各种因素影响、瞬息万变的世界。每天都有新的东西加入，旧的观念死去，所以社会新意识对设计有很强的影响。这跟我下面要谈的另一个热门的设计主题有着或多或少的联系，那就是模拟野性与仿生。

随着绿色生活与降低碳排放呼吁的深入人心，设计的前沿阵地也有所变化，先不说与绿色直接相关的生态建筑与环境设计，现在的时尚界，特别是能直接反映精神面貌的服装设计，也在发生着改变，同时，这也是最讲究感性认识的设计门类。基于这一点，设计师发现了另一个世界，那就是野性的世界。

自然界跟历史一样，是个巨大的设计宝库，其中的美丽形态取之不尽，那些极具美感的动植物们为设计师提供了诸多灵感，我们可以数出的最流行的元素基本都与它们有关：豹纹、斑马纹、奶牛纹、鸵鸟皮纹、雀尾、鱼尾、蝴蝶、蝙蝠、羽毛装饰……植物也不示弱：花苞裙很好地展现了女性动人的S曲线，并且这种款式的流行一发不可收拾。

越来越多的未开发地域为人所探索，越来越多城市人热衷于探险与背包旅行。当环境越恶化，人们亲近自然的愿望就越强烈，即便是短暂的亲近他们也乐此不疲。因此人们也愿意在生活中获得精神上的自我安慰，比如穿着上充斥着一些自然元素。无论如何，人始终是自然的生物，对自然界的生物形态、色彩的喜爱有着与生俱来的本性，也是可以理解的。配色越来越贴近自然的渴望，在近几年的秋冬时尚色中，大地色系

由杨璐溪（Lucy Yang）设计出的令人惊艳的蝴蝶礼服

再次占了上风，军绿、奶油、咖啡、绛红让人亲近又充满安全感。

在一些电子产品的设计上，大胆地运用野性元素的创意也层出不穷。著名的手提电脑生产商惠普，在2010年推出了由中国土生土长的女性设计师谭燕玉(Vivienne Tam，1957—)所设计的以“蝴蝶”为主题的手提电脑，并赋予其“电子手袋”的宣传亮点。这也是谭燕玉继2008年设计的以“牡丹”为主题的手提电脑后的新作品。无比灵动鲜艳的蝴蝶自然而然会勾起东方女性关于“梁祝”般浪漫爱情的联想。独立自信、张扬美丽的设计风格同样也符合西方女性的审美。以往电子产品的设计更理性，即便有变化，也都会用一些能突出理性的抽象形象来配合产品特征。当纯粹的具象的动植物图案作为装饰出现的时候，内心柔软的女性，少有能够抵抗这种诱惑的。

蝴蝶笔记本电脑

虽然人类永远学不会飞翔，但羽毛外套却让我们听到风拍打翅膀的声音；人类也永远长不出鱼尾如摄魂的美人鱼般在水中畅游，但漂亮的鱼尾裙却让我们在地面上摇曳生姿。在对人们进行心灵关照、感性关照的路上，设计师们功不可没。

人性化之殇

在生活中，有这样一种有趣的现象：当我们听到朋友或喜爱的人的来电时的音乐铃声，心情会很愉悦，但听到公司、领导或者不喜欢的人的电话音乐声时，心情会变得复杂而紧张，无论你在这类联系人类别上设置了多么优美的音乐，过不了多久，都会变得刺耳。这与音乐的旋律好听与否已经没有关系，你会条件反射地想到又要加班、应酬等之类的事情，以致变得沮丧。甚至在其他场所听到同样的音乐，都会觉得紧张。可见，生活的经验可以让我们对一件东西产生截然相反的情感。那么，这种原理同样可以被用于设计。比如刻意在设计中加入一些勾起人们愉快情感经验的元素，让赋予其上的情感改变人们对产品的冷漠态度。

苹果公司的音乐播放器产品

早期 iPod 上的点击式转盘是一种触控式的圆环，是典型的人性化设计。

一款具有感温性能的墙纸引起了人们的注意和喜爱，它会随温度变化而产生图形与颜色上的变化。以藤蔓植物为主题的墙纸，在 10-20℃的时候，墙纸上只可见藤叶，随着环境温度升高，到达 25℃左右时，藤叶间显现出粉色的小花，而当温度更高，接近 35℃时，花的颜色变成了鲜艳的红色。在炎炎夏日中，为了期待这种变化，即使是将要迎接 35℃的高温，也会因为这小花而使心情稍稍地愉悦。人们无法改变自然界的变化，比如高温、降雨、大风、寒冷，但是设计却可以从另一个角度来消解那些以往不舒服的感觉甚至将其转化为一种享受。

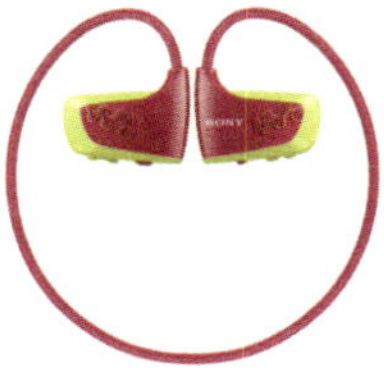

可以解放口袋的挂耳式索尼
nwz-w260 系列运动型 mp3。

随着科技水平的提升，新型感温变色液体壁纸也被越来越多的人接受。随着居室内温度的变化，壁纸漆膜颜色可以实时发生改变，在一定温度区间内低温时色深，随着温度的逐渐升高则慢慢平滑地呈现出浅色或无色的变化。除根据温度变化外，还有根据光线而变色的壁纸漆。在日光的照射下，它能吸收阳光和紫外光能量，产生分子结构的改变，进而发生颜色的变化；当失去能量时，颜色就恢复如初。这无外乎是晴朗天气的又一惊喜。现在，还有利用微胶囊技术、效果可以持续 18 个月左右的可散发芳香的壁纸，在嗅觉和视觉上同时触发了居住者的好心情。

人性化设计跟科技的发展必定有着很大关系。科技是实现人性化设计的重要条件，西方社会的设计也正在把高科技与符合人机工程学要求的设计作为设计的主要发展方向。但这里要强调的是，人性化更多的是一种思维模式，能想到就是良好的开始。

我们现在所使用的大部分空调，都是由开关或者遥控开关装置来控制的。在美国等一些国家，住宅内或者公共场所的空调很多都会自动感应人是否处于环境中，再根据当时的温度自动开机和停机。这样环保又细腻的设计，仔细地分析下来不过是在空调上安装了红外和温度感应器，当人与温度都具备的条件下，它们就开始工作。而感温仪器是再平凡不过的一种小装置罢了，与空调相结合，成本的提升也微乎其微。但为什么我们却仍没有享用呢？可见，打开为生活服务的思维才是实现设计人性化的关键。

第四章
古人的智慧

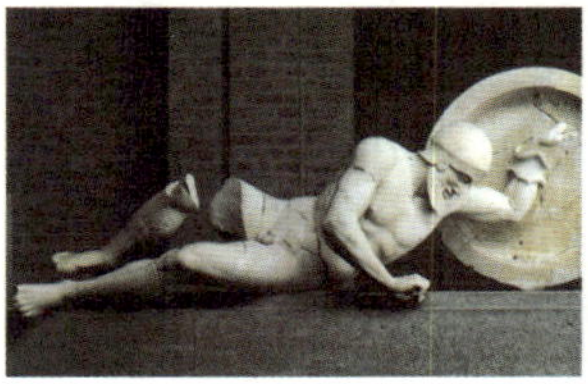

无论是建筑还是雕塑，希腊人都是利用人体各部分的相对比例关系来作为设计的基本比例。

柱式理论

我们其实已经了解了许多古代人机工程学的运用，它以经验为主要认知来源，在发明创造和技术革新上有着相当高的成就，甚至推动了人类的历史进程。其在艺术领域的运用，则体现在建筑与工艺上。

数与美，一个理性，一个感性；一个严谨，一个随意。表面看起来两者似乎相差甚远，并没有什么相关联的地方，谁曾想古人认识美、懂得审美，还真真切切是通过"数"去总结的。古人很早就推断出一个真理：世间万物，无论是天然的存在，还是被创造的东西，要想是美的，必然要符合某些数字的原理和规律。

古代希腊和罗马的壁画、雕塑和建筑被发掘以后，人们在对这些美得令世人惊叹的艺术品进行研究后发现，它们都是利用人体各部分的相对比例关系来作为设计的基本原则。我们知道，"柱式理论"是西方艺术中影响最深远的基本理论之一，它可被看作是整个西方艺术与建筑的根基。其中建筑的柱子与建筑主体、柱子之间及柱子自身的各项比例关系是它的重要内容。后人对大量古代建筑进行测量后发现，许多庙宇圆柱的高度是其柱脚直径的 8 倍，而 8:1 正是一般女性身高和脚长之间的比例。从雕像和绘画上推断，古人已经掌握了很多的人类学知识，他们甚至还了解人的视错觉特性。古希腊建筑师在设计建筑物时充分利用视错觉，给观者制造出一些别样的感觉：所有神庙中巨大的柱子，无论是什么样子，柱子中部都会微微隆起，并非是笔直，这是因为人在向上仰望笔直的柱子的时候，总会觉得柱子的中间凹下去了——当然这只是错觉。为了补偿这种视觉误差，同时让柱子看上去更坚实，他们故意把柱子设计成有一定的弯曲弧度。此外神庙的所有石柱并不是垂直的，它们都会微微向内倾斜，如果沿其画出向上的延长线，它们会在1英里外的高度交会。这也是为了消除视觉误差，因为若所有的石柱都垂直于地面，整个建筑看起来就会上部大下部小。

侧脚与升起

不仅仅在爱琴海这片西方文明的发源地，古代中国的建筑工匠们也有如出一辙的技艺。中国唐代和宋代建筑的外观处理有一种重要的手法，就是外面一圈檐柱柱脚都微微向外抛出，柱头向内收进，这样不仅借助了屋顶重力产生水平平衡推力保持了建筑的稳固，还使建筑在视觉上有愈加稳固坚实的效果。这种做法被称为“侧脚”。

此外还有一种传统的做法，即檐柱的角柱比当心间的两柱高2-12寸，其余檐柱也依次逐柱升高，这叫做“升起”。这种手法在宋朝比较常见，不等高的柱子使这时期的建筑外檐都呈现出一种弧形。为了呼应这种弧形，建筑工匠们又将屋脊的脊槫两端垫高，形成曲线。这种做法让建筑呈现出更强烈的视觉张力感，从而令人心生敬畏。性能固然重要，与此同时对细节的处理能够产生一定的心理影响效果，也是传统建筑设计师所追求的更高的目标。

希腊建筑三大柱式

中国建筑中的飞檐斗拱

帕特农神庙是典型的西方古典柱式建筑。

无论是人类文明的哪个分支，人们很早就把对人的身体及生理各种特征的研究放在了重要的位置上。尤其是从上古时期到人类工业文明真正发展起来的这段时间里，人在自然面前仍显势微，科技、医疗等都不发达，所能借助的机械也都非常简单，只有制造出真正适合人使用的物品才能最大效率地保护自我和改造自然。这就是为什么我们看到古代人类仿佛比现代人更有耐心与兴趣去开发跟生活息息相关、更具巧思妙想的物品的原因了。

苏州博物馆新馆

由贝聿铭设计，其建筑风格吸收了很多传统建筑设计元素。

茶室插花

日本茶道大宗师千利休曾说:“盛开的花是不能用来插花的。”

他所指的是在茶室中用于装饰的插花艺术。在日本，插花与茶道一样，是这个民族细腻的人格语言，充满禅意。在茶室中必然有插花。茶室中，人们往往只看到一支未开放的花苞被放在花器中，且只能是一朵——一朵白茶或者牡丹——还带着露水。

这一朵花与茶室清雅寂静、恬然遗世的环境相映相衬，茶室主人的品位被它诠释得淋漓尽致。这是一朵花的安静更胜一百朵花的喧闹、一朵花的单纯更胜一百朵花的纷繁的艺术，是设计的大境界。茶室中的客人，也只需与这花一眼相遇，便收敛了浮世的心情，再有一丝单纯的香气游动，更有了品茶谈禅的娱趣了。古代日本人对于心灵的关照达到了很高的境界，这种古雅、闲寂的心底情趣也体现在除茶室外的建筑细节中，比如传统和室中的种种细节。

日本传统和式住宅的心理关照

日本建筑吸收了与其一衣带水的中国南北朝至明代的种种样式风格，但民居的设计往往又保留着日本本土文化的血脉，有着独一无二的日本印记。看似简单的居所，在细节的设计上却是殚精竭虑。在日本被规矩和礼仪所充斥着的被认为是其生命的“隐秘居所”，已不仅仅是住宅，更被认为是通往“冥想之路”的入口。

《白茶花图》宋代

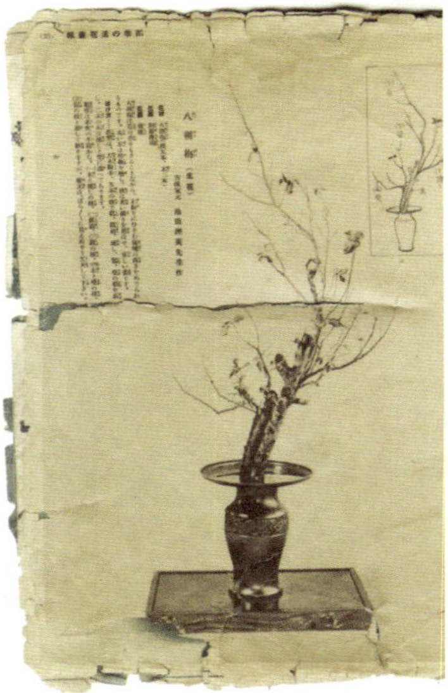

老式的日本插花教程书内页

那么，先来说说和室的采光和照明吧。

和室的采光和照明与茶室插花有着同样有趣的设计观念，如同他们在传统中不使用更多的花来装饰茶室一样，和室室内很少采用人工照明。自然光从宽大的屋檐下透过低矮的窗格，经地面的反射进入屋内，这往往成为室内采光的唯一来源。在和室内，到处都能感受到投射在昏黄色墙壁上曚昽的日光，仿佛勉强维持着的“落日的余晖”。阳光和阴影使白天的室内永远有一种黄昏时分的韵味和感觉。

传统町屋建筑中的人工照明，也总难发现特别明亮的室内环境，屋内的灯总是经过和纸的过滤而幽幽地散发着微弱的光。这看似并不符合我们对照明的定义，它不是应该尽量保持明亮才对吗？然而在和室内对这一功能的阐释却被打破了，物体的轮廓在这种照明下变得暧昧而且丰富起来，粗糙的表面也变得异常柔和。室内人为的痕迹被减少到了最低限度，从而更加贴近自然。

传统的和室特有的一点，是在其进行房屋建筑时，都用木桩将屋身抬高到离地面大约0.5米处，住宅的地板高架于地面，有时悬空达1米，以使底部通风，从而保持室内地面干燥。从长期的生活经验来看，这种木质悬空层也是抗震的良好构造。

晴日的午后，一家人坐在濡缘（屋外的廊子）上，便可开始静气冥想，与自然对话。庭院里的老树与可爱的石兔苔藓，让庭院充满了自然之美与佛教的宇宙观。

那么，所谓“生命的隐秘居所”，还要从町屋建筑的整体风格来看了。这些建筑物常用暗沉的颜色和层层叠叠的屏风阻挡住外人的视线，使其真容变得隐秘。在布局上，日本传统房屋——町屋——承袭了中国

石谷家住宅

茶道与插花一样，在日本是一种综合性的细节艺术。

日式风格庭院

水流是日式庭院的构成要素。

传统的一些特点：比如最重要的人物往往居住在建筑的最深处。古时大家族的一家之主所居之处，总是特别幽暗深邃，要经过一层又一层的推拉门才可以一见真容。一般家中的贵客，要经特许才可以到房子深处走一走。人还未至，神秘与敬畏感便先增了三分。

无可置疑的是，光线与色彩正是塑造氛围、影响人们心理的重要因素，日本古人都是如此精于此道。想来，那些在国际现代心理恐怖电影史上留下重彩的作品跟这种民族特有的审美情调与手法是不无关系的吧。

传统的和室布局

细节的表情

日本的传统住宅建筑多是来自于本土文化：架空屋身、室外平坐、桧树皮葺……在实现这些和室的匠心的时候，往往利用到了人类生理知觉和感觉的一些习惯与特点。虽然古人所掌握的生理、心理知识的深度远不如现代科学，但我们不得不膺服于这些古代匠人的智慧，膺服于他们对于生命话语的理解。

传统的和室，通常会使用和纸推拉门。而在夏季，为了凉爽，推拉门被取下，由竹帘和竹屏风来取代，这是作为夏天的配件。竹帘不仅实用，风透过竹帘吹入室内，使屋内保持凉爽、干燥，还造成光影摇曳的视觉感受。古人认为，在夏季的微风中，沙沙作响的百叶窗会提供一种凉爽的感觉。这正如现代人机工程

日式竹帘

学对于知觉研究的结论一样，摇曳的竹帘是从视觉上看到风，沙沙声是从听觉上听到风，两者再与触觉一起真实感受到风，相叠加所产生的冷感亦陡然加倍了。一挂小小的竹帘，在古人的智慧中玩味出了视觉、听觉、触觉交织的韵味。

粗糙的优美

日式建筑独特的地方还体现在传统建筑的屋顶上。日本古代宫廷建筑与中国唐宋时期建筑有着密切的血缘关系。它们非常相似，有时我们甚至可以惊奇地发现，日本的一些建筑就是中国建筑的缩微或者简化版。比如日本平安京时期建立的京都城，其建筑就是以唐朝洛阳城和长安城为蓝本。京都在公元 8 世纪时分为东京与西京两部分，东京仿洛阳建，西京仿长安建。而日本传统民间建筑却与官方建筑不同，特别保有着日本本土古老的建筑模制，形成了自身独特的结构与美学体系。

在唐宋文化传入日本以前，即便是在推崇中国建筑风格的宫廷建筑中仍可见到一些日本本土传统的做法。那些古老建筑中精巧的特殊建造细节让我们感慨其特有的智慧。作为最负盛名的一种建筑技术，桧树皮葺屋顶对日本民众来说是再亲切不过了，它与日本传统建筑密不可分。平安京（也就是后来的京都）大内里的殿宇，包括正殿紫宸殿、天皇的寝殿清凉殿和其他多数建筑，都是桧树皮葺屋顶；本土神道教建筑的代表——神社，也都保留着这种桧树皮葺的方式来修葺屋顶。

日本人将达到一定树龄（一般在 70 年左右）的桧柏树的树皮取下来，裁成整齐的矩形，层层平铺钉在屋顶上，形成一定的厚度，这种技术被称为"桧树皮葺屋顶"。这是一种非常自然的施工方法，此技术流传于平安时代。《日本纪略》长元三年（1030 年）四月二十三日条载有：六位以下官员修筑院墙时，不得以桧皮葺顶。日本的传统是五位以上贵族才可使用桧葺的方式入母屋的屋顶，六位以下官员则采用板筑。可见桧树皮葺在传统中是代表一定等级的建筑形制。

除了作为一种自然材料，它还有什么优点呢？

一般来说，桧树皮葺屋顶或者是树皮裸露在外，或者是在其上种植草皮。这样的树皮屋顶就如同一个自然的过滤层，细密层叠的树皮是一种天然的物理净化器，将夏季的炎热和冬季的寒冷、湿气等都阻隔在外，对殿宇内部起到空气调节的作用，使之冬暖夏凉。

此外桧树皮葺屋顶还有一个特别之处，下雨的时候，雨点打在屋顶上，声音都融入这粗糙的树皮之中，屋内相对于板筑屋顶就显得安静许多。桧树皮屋顶是需要保养的，要经常翻新修葺。虽然这是一种环保的施工方法，但近年来适龄的桧柏树越来越少，屋顶的原料供应不足，掌握割树皮技术的工匠数量也在减少，树皮因此成了相对珍贵的资源。

亦假亦真之间

中国与日本之间文化上的密切联系，使日本在建筑及陈设的设计上有相当部分传承了中国唐宋时期的遗风。尽管如此，这个远东岛国还是从本土文化中积累了一些精彩的、难以磨灭的设计智慧，那里面蕴含了许多传统经验人机学的精华。最可贵的是，他们至今还保存着一颗与自然进行最深入对话的赤诚之心。

用白砂石模拟出峻峭“高山”和蜿蜒的“湖泊”；“高山”用木板细心地堆成圆锥形，或是搬来大石头代替；“湖泊”则细心地耙出一条条整齐的纹路，仿佛还听得见潺潺流水声。

把真山真水庞大的园林景观缩微在小小的路阶旁、院子里，一眼便可知晓所有的曲折和意趣。不知道这只有在日本传统庭园中才得见的独一无二的枯山水，是否真如人们所理解的那样，具有深刻的禅意，能表达沉淀的哲理，从而对人的心境产生神奇的力量。这很像中国庭园中的蓬莱和瑶池，只是两座“仙山”，寄托的却是人们对缥缈幻境的期望。而这枯山水，是静止的风景，没有花朵和漂亮植物，只有常绿树木、苔藓和沙石，经年也不会变迁，更像是需要自律的人生，苦修永无止境。

所谓“生命的隐秘居所”，还要从町屋建筑的整体风格来看了。这些建筑物常用暗沉的颜色和层层叠叠的屏风阻挡住外人的视线，使其真容变得隐秘。

桧树皮葺屋顶

紫宸殿

流水潺潺的日式庭院

枯山水

传统的智慧

苦修与隐忍密不可分。在传统的东方国度里，不同民族在精神寄托上总有些相通的地方，只是在生活智慧的表象上各有特点。

人们也普遍认同人机工程学的起源实际上可追溯到数千年前，当时古人制造出来的物品、劳动工具等已经反映出了对人机工程学的运用。

公元前 5 世纪的青铜容器，有的具有两个并非对称的特别把手，一个垂直置于罐口附近的颈部，另一个水平置于靠近底部的位置。同时握住两个把手，这样在倒水的时候，就比较轻松，下面的把手能够很好地控制液体的流出，而上面的把手既可以提起水罐，还可以控制水流出的方向。

有的罐则是两个水平的、左右对称的手柄位于中间位置，第三个垂直在颈部。当罐中充满水时，两个水平把手供两手一起提举，第三个把手则供用户在罐空载时单手提拿，也可以在肩扛时方便抓握以保持稳定。这个例子显示了对同一种容器不同使用情况的关注：满载或空载，提或扛。

在原始遗迹中，人们发现一些底部呈尖形的双耳瓶，用以存放像酒、油之类的液体。瓶子尖形底部的作用与第三个把手一样，握住它便于倒出瓶内所有的液体，同时也避免了位于瓶身的把手容易损坏的问题。而存放时，把瓶子储存在事先挖好的土坑中，或者放置在沙地上，也很方便。

中国古代的一些工艺制造技术在著作《考工记》中都有记载，例如书中曾谈到各种车辆的尺度与人、马的关系：“凡察车之道，欲其朴

公元前 16 世纪的双耳瓶

马家窑漩涡纹彩陶双耳瓶

原始时期尖底陶瓶

属而微置……轮已崇，则人不能登也，轮已庳，则于马终古登阤也。故兵车之轮六尺有六寸，田车之轮六尺有三寸……”车的各种尺度取决于人与牲畜的尺度，所谓“轮已崇”的意思便是：车轮太高则人不易上下，而轮太低，拉车的马就会拉扯得十分费力，像时刻在爬坡一样。所以，古代兵车高六尺六寸，而农业车则是六尺三寸。

随着社会的发展，人们的生活一天天精致起来，他们更多地通过对自身需求的探索来改善一些问题，在这个过程中也为生活平添了一些风雅。折扇的出现就是其中一例。确切地说，可以折叠的扇子到宋朝时

《牛车耕作图》
汉画像石

官帽椅

象牙花卉折扇

李渔设计的暖椅

才出现，在这之前人们用的都是一体的扇子，如羽毛扇、绢扇、芭蕉扇等。最初的扇子叫便面，名字很形象，携带却颇有不便。折扇出现后，扇子的体积减小了，可以随身取用，雅士可闲暇玩赏，文人也颇得水墨之乐趣。扇骨用象牙、玳瑁、檀香等名贵材料制成，制作也非常精细，镂、镶、涂、绣，工艺繁杂。如果要追溯源头，折扇还是宋代时作为贡品从日本流传而来的，到明清时期才逐渐流行起来。细心的话，你会发现折扇通常只能右手使用，如果换到左手，拿起来就不舒服了。这也是由于设计使然，由于大多数人惯用右手使用折扇，折扇的造型对使用者手型的舒合方向、手指的控制范围的吻合程度都做了专门的设计，可以说是传统工艺中经典的人机工程精品。

为生活细节提供方便的设计无处不在。明末清初的著名戏曲家李渔不仅文采与乐采都很出众，对家具设计也颇有心得。他设计了一种暖椅和凉杌。暖椅内设一储炭火抽屉，“御尽其寒，使四肢均受其利”，“可享室暖无冬之福……砚石常暖，永无呵冻之劳”，“若止利于身而无利于事，乃是宴安之具，此则不然……此又其利于事者也”。而凉杌则是“汲凉水贮杌内，以瓦盖之”，“其冷如冰”，“其不为椅而为杌者……四面无障，取其透风”，便更加凉爽了。

他还在《闲情偶寄》与《一家言居室器玩部》中，道出了家具设计之原理即为“实用”，要能适合大多数人使用，“凡人制物，务使人人可备，家家可用”。李渔并不主张家具设计华而不实，体制大而所容少是不可取的。很有意思的是，李渔还提出，桌案的设计，“其中有三小物必不可少，一曰抽屉……文人所需，如简牍刀锥，丹铅胶糊之属，无一可少。……一曰隔板，此予所独置也。……一曰桌撒……从来几案与地，不能两平，挪移之时，必相高低长短而为桌撒”。（桌撒即木楔子，用以垫平桌案脚。）这都是充分考虑了“以人为本”的原则从而提出的设计良言，在传统家具实例里都能找到对应。

隐忍的美学

谈到明代家具，其中体现人机工程学的精髓又何止于此。器物之精巧的大境界，是能在制作中将某种材质的特点发挥到极致，并能让它在时间的流逝中得到新的生命。中国明代家具是中国家具史上的典范之作，这一时期的家具对材质、工艺、设计和美感的追求可以说达到了顶峰。设计上大气、简洁，设计明快，选材讲究，选用包括花梨木、檀木在内的上好木料，采用榫卯工艺，制作完成后不设漆，保留了材质本色与质感。而家具在长期使用中与人的身体接触摩擦，光泽度越来越高，色泽也越来越饱满。因而，后代对明代家具非常喜爱，收藏、复制、模仿者甚多，于是就将这种风格与工艺的家具统称为“明式家具”。

与其他时期的家具相比，明式家具还暗含着隐忍的美学。在中国的传统设计中，有很多构思来自于“修”，古人苦修，是修身、修性情，从而才能齐家、治国、平天下，可见，儒、释之学都把“自修”作为达到某种境界的前提，如同禅宗的化境与超然，只是目的不同罢了。

利用生活器具物品来表达曲折、隐忍之美，往往同时也借助了人机工程学的知识。明式家具在人机工程上严谨而精密的应用让人叹为观止。其造型中，多有曲中带直，曲而不弯，寓刚于柔，这便是暗喻隐忍之美，与传统画学中的“波折”观有着异曲同工之妙。通过各种曲、直线的组合交替，凹凸的应用，增加了家具形体在视觉空间上的层次感，又丰富了线条在家具器物中的艺术表现力，更重要的是，这种曲折更囊括了设计师与工匠对使用者生理特点的特殊关照。

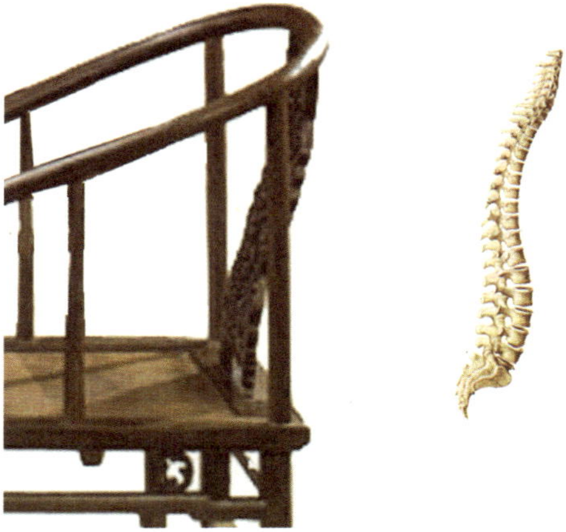

脊椎的自然 S 形态

我们知道，明式家具中的椅子与清代的椅子在靠背设计上是有区别的。清式家具的椅子靠背多半与坐面垂直，看起来严肃硬朗许多。而明式家具中椅子靠背的侧剖面多半是呈平缓的“S”形，一般来说靠背板高且薄，自坐面起稍稍向前突出，而后再向后大大弯出，到上端脖颈位置又向前弯曲，与椅圈搭脑处相接。侧看，宛如是人体自臀部至颈项的一段曲线。从人机学的角度分析，人体脊柱在自然状态时，侧面呈“S”形，明式椅子的“S”形靠背，很显然是工匠根据人体特点而精心设计的。设计师还让靠背板微微向后倾斜，形成与坐面近 100 度的倾角，这正是适合人休息时的必要后倾度。这样的处理使人坐在椅子上时，后背与椅子靠背有尽可能大的接触面，肌肉与脊椎可得到充分的休息，产生舒适感，不易疲乏。清式椅子直角的靠背让人在向后靠时，脊柱与椅背产生了空隙夹角，加重脊椎负担，纵然时刻有“正襟危坐”之严肃感，但这样人体就会很快感到疲劳和不适，这便不是“修身”而是折磨了。

明代椅子中的官帽椅、圈椅、玫瑰椅等都有扶手，以现代人机工程学的理论来说，椅子扶手的高度是根据人坐下时的肘部高度决定的，扶手两侧间宽度则由肩宽决定。一般来说，让手臂自然下垂放在扶手上时可以不过度展开或者收拢是最为合适的。明代座椅在扶手高度的设计尺寸上非常吻合这项要求。例如明式黄花梨圈椅，整个扶手造型流畅圆润，虽扶手椅尺寸不小，扶手构件却很细，弯转弧度大，使整个椅子上半部分看起来呈圆形，所以圈椅又被称为“圆椅”。圈椅前腿在椅盘以上的延伸部分称为“鹅脖”，它先向前弯，再收回，与扶手手握末端相接。较其他形式的椅子来说，圈椅有明显的优点：坐在其他形式的椅子里，当人手臂放在扶手上时，大臂要悬空，而圈椅扶手构件的高低曲线的趋势与人自然垂放的手臂达到最严密贴合，大臂与小臂都得到倚托，再与“S”形或“C”形的靠背相连，整个形态优美舒展，也使人的身体可以得到全然的放松。

另外，圈椅的座深大概为44厘米，座宽53厘米，与人机工程学对座深和座宽的要求基本吻合。由于明式家具设计座椅时选定脚、臀、背为三个主要支点，所以将座高设定在52厘米，脚踏板高9厘米，这时从膝到脚的高度为43厘米，也正好与人机工程学对座高要求的42-44厘米相符（在标准的人机数据中，大型坐具因形体比例关系，坐面较高，但必须有脚踏相配合，人坐在上面，双脚踏在脚踏上，实际使用高度仍是在40-50厘米之间）。种种精心的设计也成就了明式圈椅成为古今中外设计家所公认的“第一椅具”的美名。

欣赏中国家具，须理解的第一原则就是，在任何情况下设计都是以尊严与等级为第一，舒适性第二，当这两点发生矛盾的时候，舒适一定要让位于尊严。这跟传统西方的设计理念是不同的。由于中西方社会的民主化特征与程度自古就有着较大差异，中国传统的总体设计原则偏重“以人的精神为本”，国人更多强调的是精神内核，而非人本体。带着这个原则，再去看许多传统的器物规格就变得容易理解多了。

比如帝王的宝座，正常人往往认为皇帝使用的东西总是最好的，椅子也是一样。最舒服的座椅理应是摆放在皇宫正殿的那张龙椅。实际情况却并非如此。龙椅虽说是椅，体量却非常巨大。国内最大的宝座目前存放于颐和园中，有2.95米长，1.85米高，1.4米的进深，足像一张床了。端坐其中的皇帝，左不能倚，右不能靠，手臂也不可以放在扶手上，正襟危坐，可谓辛苦。但为了体现皇帝的威严与地位，为了配得起宫殿的恢弘，设计上放弃了正常大小座椅原有的舒适性，琢磨出了如此一把让使用者无比难受的椅子。在这里，等级与尊严占了上风，以身体的隐忍换得尊严。

细细想来，清代椅子的靠背设计反而渐渐脱离了早先设计上的人机原则，也许正有这样的原因。可见明代家具相较于历代来说，对人机工程的追求更为执著。明代家具无与伦比的舒适性更显著地说明了：在这样的时代中，与阶级的尊严相比，对人性的关照竟然出其不意地占据了上风。

除了最具代表性的椅子之外，明代家具的细节也最能体现“以人为本”的意趣。

一则是翘头。明清时期有一种家具，主要是摆放与陈设物品之用，不为俗用。其案面

明代圈椅

两端装有翘起的“飞角”，故称这种家具为“案”，翘头案往往带有精美雕刻，属于陈设之物。而文人们也发明了一种文案，两头微微翘起，这样，伏案工作时，案上放置的物品不易从两端滑出掉落，尤其是观看卷轴书画的时候，轻轻将画轴放置在桌案中间向两边一推，画面徐徐打开，轴两端却也不会掉落地面，故这种设计颇得文人雅士的青睐。

二则是拦水线。拦水线是明式家具中特意为膳饮桌案而设计的一种线脚，沿着桌面边缘四周突起一线，以防止饭菜汤汁、酒水流下桌沿而污浊衣物。这种细节的处理简洁却又恰到好处。其实拦水线并非明代的发明，早在公元 23 年，在西汉时期的案器上，已经大量出现了“拦水线”。当时的“拦水”只是在桌案的四周向上起沿，以方便摆放食物。后来，更多的家具上出现了拦水线，椅、凳、床、墩都不例外，尤其是现代生产的传统风格家具，其拦水线也并非真正的拦水，也有防止被子、坐垫滑落之意，可谓应了儒家“经世致用”的思想。

三则是踏脚枨。顾名思义，也就是这椅子踏脚的地方，比如明代黄花梨交椅，脚踏可以供双脚休息。

储与卧的巧思

明代翘头几细节

皇帝宝座

储物之柜尚且如此，对于消耗人生三分之一时间的床榻来说，设计是否符合人机的要求就更为重要了。

明万历黄花梨柜

李渔在其《闲情偶寄》中还明确了一些家具设计的观点，现在看来，这些观点体现了古人不仅从人体的尺度方面考虑家具的设计，同时也关照到了人的视觉、听觉、触觉等外在感知的舒适度，甚至还察及了人心理的需求，这莫不是古人“有耳目”、“有心思”，在人与器物关系这门学问上聪明智巧的体现。

从人体尺度上来说，像柜子、置物架、书柜、壁橱这类储物家具的设计，其整体高度、其间每一层的高度以及开合方式等都是照人的使用习惯和生理尺寸而确定的。架也有大小二式，大者为书架，高七尺余，与成人身体尺度相适，除了可良好地保存书籍外，又方便拿取书册。明代有一种非常流行的柜子——万历柜，因其样式在万历年间流行起来而得名，至清代，这种柜子的装饰变得繁复，雕花也多起来。柜子为格架和柜子的组合，上层是敞开的，用来放置文玩陈设，下部可关闭，可以储放书籍物品。因上格透空明亮，故又名亮格柜。一般万历柜的亮格高度，会比人的视线稍微高一点儿，眼睛稍微一抬，就能看见它的亮格部分、方便把玩收藏在亮格中的物品。

李渔还曾就储物提出了一个很好的建议：“壁间留隙地，可以代橱，此仿伏生藏书于壁之义，大有古风……东南西北，地气不同，此法只宜于西北。”这也就是壁橱了，只是它只适用于北方少雨之地，南方潮湿便不适用了。《长物志》的书架设计，也有明确的“实用为首”的观点，因地面潮湿，要求书架的“下格不可置书，以近地卑湿故也，足亦当稍高”。

储物之柜尚且如此，对于消耗人生三分之一时间的床榻来说，设计是否符合人机的要求就更为重要了。《长物志•几榻卷》在关于家具的描述中，不但记述了人体尺度、比例、功能等因素，对床的尺寸也有详细记载：“榻座高一尺二寸，屏高一尺三寸，长七尺有余，

明代黄花梨拔步床

横三尺五寸。"从现代人体比例的测量结果可以看出，这一尺寸非常符合人体伸展弯曲的需要，其适用性很强。当然，古人在床的设计上真正贴心的远不止于此。

这里必须要提到一种家具——拔步床，又叫八步床，是传统卧榻中体型很大的一种。以现在的眼光来看，它不仅仅是张提供睡眠的床，其本身就像一个多功能的微型卧室，几乎可以满足寝卧及一般休息时所有的需要：床的正面像房间一样设有浅廊，其独特之处是在普通的架子床外套了一间"木屋"。把床放在一个木平台上，平台长出床的前沿二三尺，平台四角立柱，镶以木制栏围，有的两边开有小窗，床前形成一个回廊，虽小但人可进入，这样，人跨步入床内犹如跨入室内，回廊中间置一脚踏，长廊两侧可以安放桌、凳类小型家具，用以放置杂物。由于拔步床形体很大，床前有相对独立的活动范围，虽在室内使用，但宛如一间独立的小房子，靠枕头的一侧卧榻外还设有梳妆台，另一侧则放置马桶。这让生活方便了很多，夜里可以不出这张床就使用到马桶，早上起来可以不出这张床就打扮更衣了。

黄花梨仕女观宝图屏风

屏其风也

在古代建筑与室内陈设中，屏风也是常见的物件儿。屏风本身的存在就是人机智慧的充分体现。屋与自然、人与屋舍、人与室以及活动在建筑中的人与人都通过屏风来进行对话以及调和关系。

所谓“屏风”，乃“屏其风也”，也就是作挡风之用。屏风在3000年前的周代曾是天子专用器具，作为名位和权力的象征出现。经过历代的演变，渐渐生出了防风、隔断、遮蔽等多种功能，并进入了寻常百姓家，深得喜爱。

首先，传统的屏风不像花罩那样固定不动，这种制作精美的器物是灵活的隔断，可以任意地调整室内的空间关系，分隔区域。

其次，它遮蔽了主人的隐私，放在门口时，也阻挡了他人的视线。如黄花梨仕女观宝图屏风，高245.5厘米，长150厘米，宽78厘米，这个屏风是一对的，体形设置较大。虽说常用的屏风的体形会相对轻巧些，但是屏风的高度是基于人的视觉高度设计的。不借助外物，人的视线始终无法逾越，可以让被遮挡的人拥有心理的安全感。虽然屏风的设计目的是为了遮拦，但最终达到的效果却非真正的阻断，让屏风外的人可以窥见部分却不得见真章才是它存在的真正意义。华丽的屏风上下端多有繁复的雕刻，与屏风主体的绘画、镶嵌、刺绣等工艺一起，既增加了装饰效果，又让屏风不显得过于沉闷厚重。有时，人们也会在床后安置屏风倚靠，从而增加睡眠时的安逸感。

最后，屏风有时也放在门口作挡风之用。风遇屏而减弱，从风水的角度来说，也是化解了外界凌厉之物。

当代的屏风用途和古时已经大不相同。现在大型屏风能显示出高贵的身份与宏大的气

新中式屏风

势，是客厅、大厅、会议室、办公室的首选。它融实用性、欣赏性于一体，既有实用价值，又赋予屏风以新的美学内涵。由于一般居住房屋面积不大，家庭内使用的屏风则要小而轻巧，以呈现出一种和谐、宁静之美。

屏风从发明到现在，演变出了很多种新的形式，围屏、座屏、挂屏、桌屏等都是现代室内设计常常使用的手法。这样的结构都是由传统屏风变化而来，尤其是在公共或者商业场所的半隔断，让公共的空间在共同使用的前提下，保持了人与人之间必要的心理距离。不得不说，与现代社会的特征相似，适度的距离有时也是一种温暖的情怀。

国人的浪漫

现代社会的人越来越难与自然相亲近，所以在城市生活久了便有了去游历山水的念头。古人也有同样的苦恼。他们居入深宅，也难有时常地享受自然的闲暇，为此很多钟情于设计的文人甚至有极为浪漫的设想。

例如，李渔曾设想过在床帐内“设板坐花”，就是在床榻之内设置显眼的托板，来放置些花草，让幽香沁入鼻息，这样就仿佛身眠于树下了。无独有偶，高濂在《遵生八笺》中设计了两张床。其中一张叫做“二宜床”的，在帐中悬一钻空葫芦口，上用木车顶盖钻眼，平日里插香物入葫芦中，俾香气四出。床内后柱上钉两玫铜钩，用来挂笙瓶。四季插些应时的鲜花在瓶中，这样人作花伴，清芬满床，卧之神爽意快。

说到游历山水，也是古时文人雅士的中意行为。明代的戏曲家、文学家屠隆在《考盘馀事》中记载了他设计的一种便携式旅游家具，可折叠桌、几、提盒、衣匣等，皆为文人访山问友之便。还有可藏三四十件文具和什物的备具匣，这便是古时的多功能的“旅行背包”，相当实用。

明洪武时人曹明仲颇具创意地设计了一种专供弹琴使用的桌子，“琴桌须用维摩样，高二尺八寸，可容三琴，长过琴一尺许”。桌面取材中空发响的郭公砖为最佳，玛瑙石、南阳石、永石也要。“如用木桌，须用坚木，厚一寸许则好，再三加灰漆，以黑光为妙。”据其记载，郭公砖灰、白色，中空，面上有象眼花纹，相传出自河南郑州泥水中者绝佳。而在此砖上驾琴抚之，琴弦拨动时与中空砖引起共鸣，不仅能将琴音放大，达到音响的效果，还使琴声更加清扬。

古人的标新立异之举比比皆是，家具并非匠人专营，多才多艺之文士也偏爱这种关照人性的小设计。比如滚凳，是一种针对穴位保健按摩的小家具，乃是“以运动为妙”；还有《匡几图》中可叠套放置亦可展开、随意组合摆放的匡几家具。匡几家具可启发人们根据想象任意去拼合家具，形成不同的形状，而各自有其功能。后来发展为清代的七巧桌，这就是七巧板的来源。这些古人的浪漫设计让现代的创意家具都黯然失色。

传统家具，尤其是明式家具的适用性和合理性非常高，值得现代设计者深入研究，其在比例上，与现代人机工程学的研究成果基本吻合。而其在人体测量学、生理解剖学及心理学上的研究也颇为深入，使人在使用产品时获得高效、舒服、安全、健康的感受。而对人在使用时的方便以及心理上的需求的关注程度甚至更甚于今日的器物设计。作为世界家具史上的经典，中国传统家具制造的精髓和古人浪漫的情怀都是值得体悟与传承的。

园林之隐喻

家具是人与室内空间关系的纽带，而人与自然之间的关系，尤其是在城市范围内的纽带，则是园林了。中国古人对自然是崇敬与向往的，造园也是本着师法自然的原则去设计建设。然而在国人的哲学观里，尊严与等级更为重要，每一种建筑自有其用。特别是宫廷建筑，用作祭祀、处理政务、办公、就寝等各种不同场所的设计特征与功能非常清晰，不会随便僭越，因而作为专门度假、游玩、打猎的园林，自然也要凸显出这一休闲功能。

与家具不同，园林是人在其中浏览，在移动中感受自然，在人机工程学上便不必对人

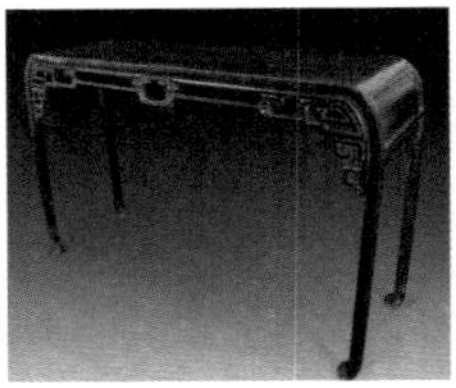
紫檀圆头琴桌

体本身的尺度做过多的考虑，它更多地关注人的心理感受，在设计大环境的同时对人的行为意识与心理需求又有多方面的关照。这一点对现代设计师来说，更加值得探究。

代表着权力与阶级统治的殿宇宫阁，在布局与建筑中更加注重威严与礼制，常严格遵循中轴对称的法则，建筑中直方的线条运用较多。而园林是游乐与休闲之所，在这里要尽量消除疲劳，减少枯燥与乏味感，那么传统园林是如何做到这一点的呢?

曲线

之前已经讲到，曲线在所有的线条中是情感最为丰富、表现最富有魅力的。由于园林的布局与建筑的设计不必再规矩严谨、直方不乱，因此充满了各种带有无限生机的线条。利用曲线来降低人在环境中的枯燥乏味感，是中国传统园林与西方设计殊途同归的地方。

园林建筑中最多的是曲廊，曲廊沿着曲折的水而蜿蜒延伸。《园治》中说:“古之曲廊，俱曲尺曲，今予所构曲廊，之字曲者”，“随开而弯，依势而曲”，道出了曲廊设计的原则，并非是有一定之法，只是随着山势水势的利导而铺展就可以达成。

现代心理学研究认为，如果人长时间沿着直线行走会产生枯燥、厌倦的感觉，倘若走在一个宽阔的地带，人便会自动选择一条通往目的地最近的直线去行走，这样又会错过了途中的风景。而曲廊解决了这些问题，它既让游人行走时回环曲折不乏味，又看尽了山水自然，真正是“行到水穷处，坐看云起时”，在视觉里又全然忽略了还有“廊”的人工痕迹这回事。

此外，曲线还体现在水景、园林铺地以及路径的设计上。园路的设计跟曲廊相似，但更富变化。江南私家园林极讲究“移步换景”，这移步，都是在园路上进行，所以导景、观景、品景、赏景，也是以园路为媒介。所以想要移步换景，景点也须根据园路的延伸而展开，园跟随趋势而变化，路两侧的植被、建筑、山石都依照以点带面进行配置，进一步强化园路的曲折与方向性。总体而言，园林中的路各有分支而又时而汇聚，观景的人群也有散有交，形成一种变化与交流，体现了游园的乐趣。

竹雕提盒

七巧桌

曲线的运用在私家园林中更为常见。私家园林不比皇家园林面积大，因而更要充分利用空间来组织变化，延长浏览的时间，制造更多的景色，以达到以小见大的效果。这种合理规划、按需分割的整体设计思维对现代设计在面对“如何在有限空间内组织更多功能与内容”时仍有着重要的借鉴意义。

层次

层次与曲线异曲同工，丰富的层次还可以制造出更广阔的空间感。在园林中，漏窗、园墙都可以表现出丰富的层次。

园墙有版筑、乱石墙、砖墙等。墙同样与地形结合，平坦的地方多为平墙，坡地就建

苏州园林曲廊

成阶梯形或者波浪形，避免单调。划分内外范围的墙常用土山石、花树丛、游廊等隐蔽起来，这样内外景致看似相连，观者也有“行无穷，游不尽，空间无限”之感。园林内部的圆墙起到引导作用，但也是隔而未隔，因为园墙上开了漏窗，所谓漏窗，即是有镂空图案的窗洞。窗洞形状多样，云形、花朵形、扇形、几何形，等等，窗内镂空雕刻题材也很多样，有破冰、回字、万字的传统纹样，还有随意性的人物、花鸟、山水、故事等题材性绘塑，非常具有观赏性。漏窗高度一般在 1.5 米左右，与人视线相平，符合人机工程学的设计原理，经过漏窗的人会自然地向窗外看，而窗外又是另一处景，这便是景中有景，层叠相映，空间层次自然也显现出来。远看，漏窗又仿佛是这墙上的一幅画，增添了无限趣味。

DESIGN
CHANGES
LIFE

苏州园林

中国古人对自然是崇敬与向往的，造园也是本着师法自然的原则去设计建设。然而在国人的哲学观里，尊严与等级更为重要，每一种建筑自有其用。

平衡

从心理学上来看，平衡是人生理上的一种习惯与需求，无论是生理（如位置、运动感觉上的平衡）还是心理（如视觉、感觉上的平衡）。园林是一幅有时间的“画”，由一个个独特的景致组成又相互联系，就像一幅长的山水卷轴，为保证这些“画”时时达到一种视觉上的平衡感，古人在造园时运用了一些物件，比如“石”，就是园林中不可缺少的构件。不同的石头由于体积与形状不同，给人的感受也不同，或沉重，或灵动，或圆润，或轻巧，将它们布置在必要的位置，人的心理才会感到平衡。大面积的草场应与大而沉重、形态稳重的山石配合，而水景植被旁，则要选一些造型独特、体积轻巧、有镂透感的石块，以增加水的灵动之感……人说“无石不成园”就是这个道理，它像水墨中不经意的墨点，看似平凡，却主宰着整个画面的平衡感。

在视觉色彩的设计上，园林里的植物担当了重任，同一种植物在不同季节呈现出不同的色彩，而多种植物在同一个季节里又呈现出什么样的颜色组合呢？尽量使色彩丰富而不冲突，是造园师们关心的细节。即便在冬季，也要配合一些常绿乔木，这样整体才不会显得凋敝。很多时候，由于古人特别喜欢象征与隐喻，所以园林里常见这样的植物：玉兰、海棠、牡丹、荷花、枇杷、银杏，来预示人们的美好向往，在心理上是一种良好的暗示。

中国在传统园林造园上有数不胜数的经典手法，它不仅仅符合人机工程学在心理学上的某些法则，其特有之处，如风水观、隐喻思想等原则，甚至可以作为现代人机工程学在中国环境下的一种补充。现代设计师若能将其道理悟之二三，便不怕造不出好园来。

第五章

新的战场

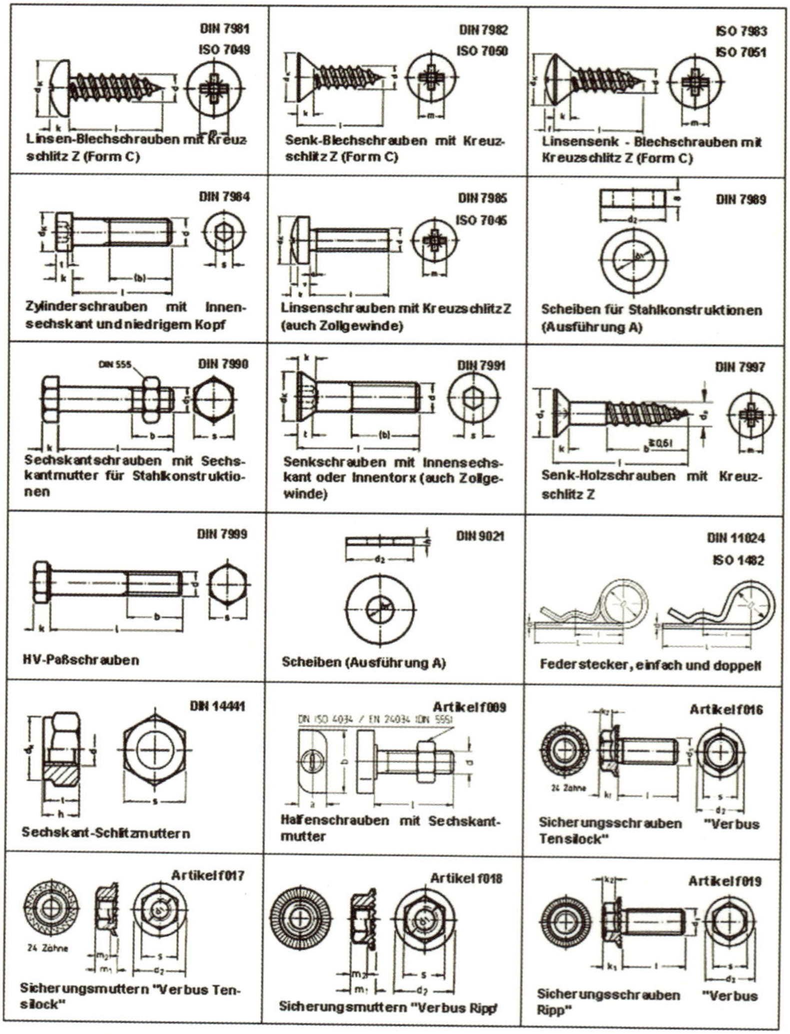

一张符合 DIN 标准的螺丝示意图

《建筑设计手册》

让设计更加人性化的改革成为当下设计的中心话题，并逐渐被设计界提上日程，人类毕竟已经脱离了仅追求“仓廪实”的时代，对生活质量的追求成了一门大众课题。欧美等一些国家在为改善人类业已存在的设计中的人机问题所做出的努力值得借鉴。

为了使与人机工程学研究相符合，并且更加有利于人的健康，有利于生活便捷的研究数据与成果充分地用于生产与生活的各个环节，让大到城市、建筑，小到一个 OK 绷、一把剪刀在其创造之初就已具备人机化及人性化的标准因素，就必须提供一个标准化的设计参考体系。如果一个地区的设计进入标准化体系之中，则代表这个地区生产的各项产品在同一标准体系中实现了统一和配套，可互为所用。

这让我们不得不提到一本手册，一本令欧洲人骄傲的书——《建筑设计手册》（*Bauentwurfslehre*），英译为 *Architect's Design Instructions*。这本书的作者恩斯特·诺伊费特（Ernst Neufert，1900—1986）从 1926 年开始，就一直在撰写他的这本大作。这是一本普及度相当高的书，几乎所有的德国建筑师都会拥有这本手册。它也已经被翻译成了 17 种语言在不同地区发行，成为一本国际化的标准手册。那么，究竟是什么让一本看似简单的手册如此为人们所青睐呢？

这其实是一本由德国国家标准委员会资助出版的书，全书贯穿了标准化的思想，很多指导方针直接引自德国标准协会（Deutsches Institut für Normung）所提供的 DIN（德国标准化学会）标准。

《建筑设计手册（2000 年）》

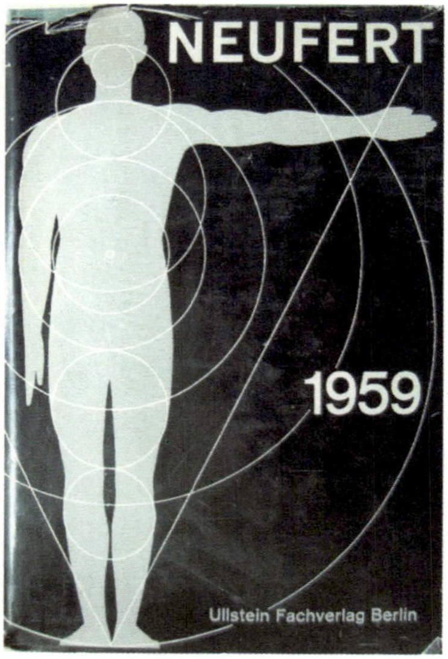

《建筑设计手册（1959 年）》

那么，什么是 DIN，它有什么意义呢？它是 Deutsches Institut für Normung 的首字母缩写。它主持着一个由制造工业、消费者组织、商业、贸易业、服务行业、科学界、技术审查员和政府代表们组成的论坛。代表们在此讨论和制定特定领域的标准化要求，并最终形成德国标准。1975 年起，德国政府把 DIN 作为国家标准体系，同时 DIN 也是德国标准的主管机关。恩斯特 · 诺伊费特的书中建立了一整套建筑制图的标准，所有类型的建筑图纸都被指定使用 DIN 字体。

虽然大多数 DIN 标准都是为德国市场而制定，但它们也在欧共体国家中被广泛采用，以及被向德国和欧盟出口的厂商们使用。DIN 标准代表德国的利益。它之所以能够在国际和欧洲范围内被广泛推行，并使

DIN 组织的 Logo

德国在 DIN 标准上赚取了大量的利润，成为德国经济收入中相当可观的一部分，这是基于这一标准体系所带来的利益的共赢：共同的标准使各国之间生产的产品在型号上都趋于一致，比如在德国生产的螺丝钉帽同样适用于芬兰生产的螺丝钉；1973 年的一项标准就规定了报纸、纸的尺寸、广告栏形式、广告栏宽度、广告栏之间的间隔等，我们日常使用的 A3、A4 的纸张尺寸，即从此处来。

当然，标准还不仅仅只规定了产品的规格标准，它还集成了超过一万种的标准，涵盖了物理、工程、材料学以及设计等各个领域。

DIN 标准的制定有着非常严格的程序，它拥有 76 个标准委员会，每个标准委员会负责其领域内的有关标准制定的内容及活动，并在国际上与其他相关标准相协调。所有标准在正式出版前都会出版草案，供公众评审。参与起草的外部专家多达两万多名，他们仔细地审议公众意见，然后标准才会获得通过并出版。所以，从起草到出版，期间持续修订的时间至少有 5 年。严格的态度和必要的考验期让这些标准在实施过程中很少遇到问题，也实际解决了许多问题。

虽然中国的国情及亚洲的状况让我们对德国的这套标准的利用很有限，但它提供给我们一种参照，一种可能性的思考：在中国也可以，或者说应该有这样的一种通行的法则和标准，将各个领域与产业、行业之间的需求进行整合，制造出标准统一、适用范围更广的产品；在设计上也应根据国人本身的身体测量数据和生活习惯来制定标准，充分关照到各民族、地区的差异；同时也应提高统一性，而不应只是从全球各个地方去支离地借鉴和拼凑一些标准。

本土标准化是民族实现真正人性化的必经过程，而将系统植入和普及将会是一条长远的路。

不良设计

无论是古代还是现代社会，人类对于人机工程学的利用完全不只局限在积极的方面，有时也会有倒行逆施的情况。人们就曾经通过对人体的机能的研究，制造出一些残酷的古代刑罚，我们姑且将这样的研究看作是一种极端，一种不良设计的极端。然而你可能没有意识到，在今天虽然这种极端的情况不存在了，但生活中一些不符合人机工程学的产品，在设计上暴露出缺陷，它们也是不良设计的典型。如果我们在毫不知情的情况下，长久地使用不良设计产品，加之于我们身体的，无异于是一场旷日持久的行刑，并且是一种很容易被忽略的刑罚。针对这个问题，我们必须有坚决的态度。

那些在我们的生活中已经习以为常、被使用了几十年的产品，可能在不久的将来，会因为影响健康而被新的设计方案取代。

爱情真伟大

你是否有与某人彻夜煲电话粥而没有丝毫困倦的体会，是否有为了准备一项重要提案连续工作数个通宵却依然兴奋，又或是在旅行中为了不错过更美的风景而奔走不歇不愿停顿的经历呢？身体疲惫吗？这是当然的，也许打完爱心电话、完成提案、登上顶峰之后，你会不顾一切地睡一觉。但在此之前，因为心里的强烈愿望，你是断然不会有疲惫感的。

我们惊奇地发现，疲惫与疲惫感不能画等号，前者是一种客观生理表现，而后者更多的是心理上的感觉和暗示。那么，正如可以利用设计手段在有限的空间中加强空间感，从而让人感觉空间在扩张一样，我们亦可以利用一些设计手段或者暗示来消除或者缓解疲惫感。这样做有非常重要的意义，因为疲惫与疲劳的感觉，在人与物的对话与相处中，是隐性的杀手。

健康和安全是人与物之间良好共处的基本保障，但人在操作生产设备、进行劳动作业或者使用产品的时候，有很多不确定因素在影响安全及健康，环境以及人本身的因素是相对主导的部分。比如在雨雪环境中行驶的汽车，避免或尽量减少转弯时的车轮打滑、加强抓地力是各品牌汽车在生产设计中一个重点的研究环节。众所周知，现代科技产品在设计开发的时候，会主动考虑到使用时要应对的各种不良环境，所以对相应的构件的设计开发应从加强制造工艺和改进设计两方面考虑。尽管如此，我们仍然非常清楚，即便设计再强大，汽车的防滑系统再强悍，当遇到操作者失误时，也难以避免严重的后果发生。所以降低人的操作失误几率，是实现安全舒适操作的重要课题。

前面在提及感性工学的时候，我们认为设计要提高人对产品的好感，提升使用者良好的情绪非常重要，而在这里要指出的是：尽量降低人的不良感觉也相当重要！

和好感度不同，这种不良感觉可能并不一定显而易见，或很不容易被使用者察觉，可能在使用的过程中才逐渐显现出来。因而最终的情感并不直接对销售产生影响，但它却是人性更加直接的反映，是与安全息息相关的考量。

在众多比如厌倦情绪、过强刺激等不良感觉中，应给予最高重视的便是“疲劳感”。疲劳是一种人体很常见的生理状态，在不同的行为中会有很多不同的表现：生产作业或对设备操控时，疲劳让作业机能衰退，作业能力下降，同时伴有厌倦感产生；在与脑力相关的工作与活动中，作业者除产生上述情况外，还会出现大脑与动作迟钝、反应力降低，也就进一步增加了事故的发生率，从而造成人身与财产损失的危险。

人的行为是否灵活和灵敏、思考是否迅捷受许多因素影响。严格来说，只有在一定环境下，才能获得最佳的状态。疲劳不仅是人的生理反应，也含有大量的心理因素。在长时间缺少休息的劳动下，必然会产生疲惫，但人的主观情绪，比如不适、不满、不喜欢等会提前或者加速疲劳的产生。而设计就要考虑从这两个方面去尽量减缓疲劳感的出现。

彻夜工作、玩乐也许是我们日常最容易疲劳的原因，但产生疲劳的因素远远不止这么简单。我们先来看看，到底哪些因素会引起疲劳。

首先，最直接的方式就是长时间高强度的劳动，这一点在长期从事体力劳动的工作者身上表现得最为明显。其次，环境不良，如较高的温度、湿度、不充分的照明以及振动的环境，都会催生疲劳感。试想一下，在一个人体机能都难以持续适应的环境内，不免让人更加容易疲倦。工作本身的单调乏味，最容易让人产生不愉快和厌烦情绪。在这一过程中人们往往会因为机械的工作本身降低注意力，而注意力是最易疲劳的心理机能之一。此外，人机工程设计不合理，比如空间尺度过小、视觉操作界面过小或者色彩过于鲜艳或单调，都是不理想的。就人自身来讲，精神状态不佳、身体状况不好，以不适当的姿势连续劳动，都是引起疲劳的主要因素。

针对这些情况，我们也有许多相对应的措施，措施的总体原则就是合适的操作平台和适当变化的刺激。这其中，也有一些不良设计需要我们注意。

曾经有这样的案例：司机座椅在较早的时候都是固定的，司机在开车的过程中，总感觉颠簸不适。于是汽车厂商针对这种情况，加装了弹性装置，一种可适当缓冲的“舒适”座椅便应运而生，并被推向市场。从一方面讲颠簸的问题是解决了，但另一个更严重的问题又产生了——由于“舒适”座椅经常缓冲，司机在这种舒适的颠簸中，非常容易犯困。尤其是在长途驾驶的情况下，危险就大大增加了。在这个例子中，“颠簸”成为“适当变化的刺激”，使司机的乏味劳动过程时常被“打扰”，而不那么容易困倦了。相反，舒适的摇晃感减弱了这种刺激。所以我们总看到司机们播放适当强度的音乐或是有吸引力的广播节目，这些举动都是为了打破厌倦感而想出的办法。

除此之外，在视觉界面和工作环境的设计上适当地运用颜色搭配，局部使用高纯度色彩、中间调对比都会适度增加视觉刺激，也是一种消除疲劳的办法。但视觉界面的设计还要考虑操作者的高度、视距和大小。人在仰头或低头的过程中，会使颈椎产生压力。颈椎的不平衡或者压力又可能会带来注意力不集中、健忘等症状。如果视觉界面太小，也同样会让人产生视觉疲劳并心生烦躁。

为避免复杂过程引起的厌烦，减少劳动时多余的程序和动作才是解决这一方案最必要的手段，这样不仅关注了人的身心健康，还可以提高工效。

在下页的图上，有一台冰箱，前面没有手柄，而箭头所指的左侧有凹槽，但人要是伸手过去，却怎么也打不开。你一开始可能会以为是冰箱吸力比较大，直到拉动整台冰箱时，才发现原来这不是开门方向，因为右侧竟然也有两个同样的凹槽，这才是拉手的地方。这真是一个令人恼火的设计，但可能每个人都遇到过类似的情况，去餐厅吃饭时，打不开消毒柜；没有把手的玻璃门不知道从哪边推……

设计在最简单的细节上反而出现了失误。合适的方式就是将把手设置在冰箱正面，这样冰箱门就很显而易见。

具有设计感的车门

倾斜开启的车门为乘客提供了更加舒适的空间环境。

在一些城市的街道，夜间开车时可能需要更多的注意力。有些街道的路灯发出的光线是偏黄色，而不是一般常见的蓝白色。这样，很难辨认前方是一个路灯还是黄色的交通灯。右边的照片显示的是黄色交通灯亮起的时候与周围的路灯混淆在一起了的情况。驾驶员在这种情况下，一旦忽视了黄色交通信号，就不可能有足够的时间为将会亮起的红灯做准备，这显然是很危险的。

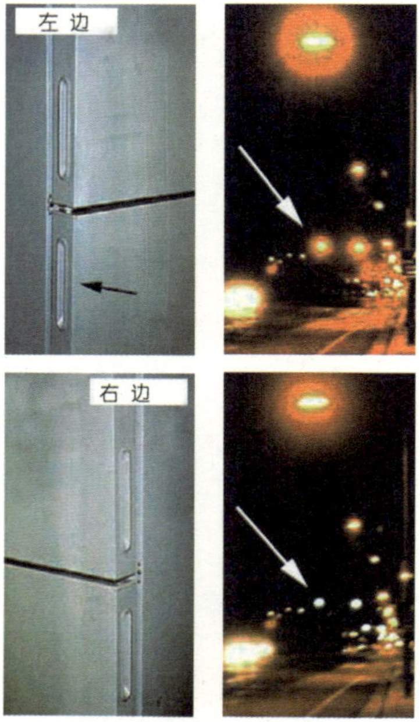

冰箱把手问题和交通灯信号问题

这张图显示的是一个商场前的绿化花坛，商场入口有很多，为了方便进入商场，很多人没有绕远从正门进入，而是把直通入口的花坛踩出了很多条这样的“小路”。

跟向左转弯相似，这是人的捷径效应心理，人总是会选择最省力、阻力最小的路径或者方式，显然这个设计者忽略了这一点。通常这样一个“小路”的位置，就是应该设置为人行过道的位置。

捷径效应导致的结果

下页图中的这款牙刷有左右手两个版本，它分别适应不同固定习惯的手，这看起来似乎更符合人机工程学的想象。但使用过之后，就会发现其实这种牙刷用起来是很困难的，扁平的设计让它无法自由地转动角度，而我们在刷牙的时候需要调整角度才能刷到牙齿的每个部位。特别是，我们可以想象，习惯使用右手的人要刷左侧的牙齿，该用一个多么尴尬的角度和姿势才能实现！

在人机设计应用中，这种比较纤细的用品一般在手握的地方，都会设计成有一定厚度的形状，以便疲劳不仅是人的生理反应，也含有大量的心理因素。在长时间缺少休息的劳动下，必然会产生疲惫，但人的主观的情绪，比如不适、不满、不喜欢等会提前或者加速疲劳的产生。而设计就是从这两个方面去尽量减缓疲劳感的出现。

适应手所握时的尺度，在抓取的时候有一种牢固、安全的触感，并且，一个具有良好人机性能的设计应是具有对称的处理，也就是可以很容易地转动手指，也可交换另一只手来使用。

这是一个办公室的文件柜（下右图），高度正好适合放在办公桌下，并且带有轮子。在人们最初使用它的第一个星期里，当试图打开顶部文件抽屉时，都会不自觉地去拉柜顶部的拉手，于是把整个文件柜从桌子下面拉了出来。相当多的人在使用这种柜子的时候都遇到了同样的问题。

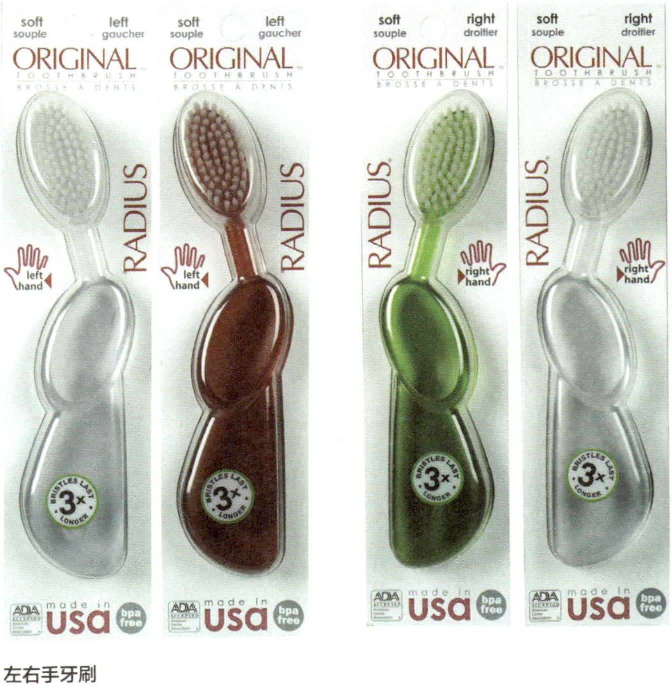

左右手牙刷

柜子的拉手问题

同一个错误会在一周内反复出现，说明这个设计确实引起了视觉或者直觉上的偏差，手柄与第一格抽屉距离过近，总会被误认为是第一格抽屉的拉手。

虽然这个错误会在一段时间后被慢慢纠正，但这显然是个不良设计的典型，正确的方式应该是去掉这个手柄，如果有时想拉动整个柜子，可以在柜顶部设置一个隐藏式拉手。

有时，人们在公交车上常会遇到一些没地方放脚的座椅。由于车身两侧轮胎凸起占了许多空间，车内两侧有部分车底板是突起来的，而正好设在上面的座椅的椅面下就没有放脚的空间了。这些座椅原本是为了节省空间而设置的。坐在上面真的不舒服！可以想象冬天衣服厚重时，乘客会有多么令人尴尬的坐姿。虽然这种问题存在，但我们也会发现有些公交的设计更为合理一些，一是在尺度上进行统筹，让座椅前放脚的位置尽量避开这部分突起；二是可以适当升高这排座椅，并在旁边设置安全栏杆。

生活中的不良设计还有很多，比如洗发水和护发素使用了同一形状及色调的瓶子，让人不能迅速分清想要使用的是哪瓶；又如杯子的圈足部分制作得比较光滑，却没有留小缺口，这让杯子很容易在底部浸水的情况下被吸住……很多的不良设计有时是因为考虑得过于简单，但很多情况却是因为设计时考虑得过于“复杂”，过分追求一些功能或者故意制造外形上的“噱头”，反而弄巧成拙。

好的设计依然每天都在产生，以人为本才是设计的出路。也只有领会到这一点，我们才能找出生活中现有的问题，去进行改良，从而设计出更实用的产品。

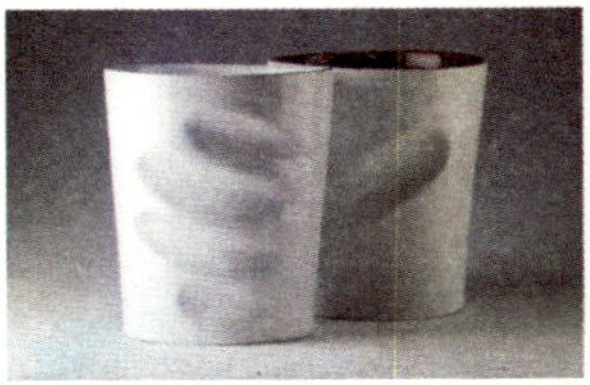

有把握设计的杯子

现在为什么设计?

技术的进步、艺术的发展和文化的传播，对当代设计都产生了巨大影响，尤其在人与环境如何共处的认识上，更是给了设计很大的空间。2010 年 5 月 14 日至 2011 年 1 月 9 日，主题为“WHY DESIGN NOW？”（现在为什么设计？）的“第四届美国国家设计三年展”开幕，这个展览让我们对设计领域的人机工程学有了更广泛的想象和启发。

具有现代性的设计已不只是在图纸、计算机上发挥个人才智进行的想象与创造，不简简单单只是造型、色彩与使用功能的简单结合，现代设计更像是各个领域跨界合作、各个学科知识论综合运用的“大杂烩”。科技在其中起着至关重要的推动作用，而以人机学、工效学来体现人性化关怀并达到可持续性成为设计的主要目标。

“美国国家设计三年展”以人与环境问题为主题，策展人从 2006 年至 2009 年创作的建筑、产品、平面、景观和新媒体等作品中挑选了 125 件，并将其分为能源、移动、社群、材料、繁荣、健康、沟通和简朴八个领域，在作为当代文化中心之一的库珀 · 休伊特设计博物馆进行展示。这些作品深入地探讨了人类和环境已经或将要出现的问题，并试图从设计的角度进行改善，其中对人机学的借鉴可谓上乘。

例如，在“社群”这个领域中，洛杉矶的迈克尔 · 马尔赞（Michael Maltzan）建筑事务所专为洛杉矶著名的穷街（Skid Row）上的无家可归的人设计了一个廉价社区，名为“新卡弗公寓（New Carver Apartments）计划”。其中有 95% 的房间为永久性住房，为无家可归的老人和残疾人居

新卡弗公寓

民提供安居与庇护之所，并在周围建立了医疗和社会服务设施。有些细节设计得也非常人性化，比如三楼在设计时是作为供住户交流、娱乐和洗衣房之用，正好与紧临的高架桥相水平，让人产生内部空间与外界空间相互联结并延伸之感。

在社交的方面，也有许多小设计体贴入微。科学研究证明，65岁以上的老年人会在社交上感到孤独，这种不良情绪的影响，甚至比抽烟更严重地影响健康。在“美国国家三年展”上，展出了一种“社交卡片”，卡片上记录着老人的信息，鼓励他们参与社会交往，而这个卡片，只是庞大的老年人社交项目的一部分，致力于老龄关怀的公共项目还有很多。

丰田插电式油电混合动力 Prius 概念车

在与生活息息相关的工业产品方面，北欧设计在展览中非常显眼。挪威的艺术家和设计师处在创新设计的最前沿，他们侧重于设计出更加智能、美观和多功能性的解决方案，能够在竞争中成功获得全球市场的认可。

由瑞典设计师彼得、托马斯·尼尔森、安娜·卡莱尔等设计制造的 GR2 新型自行车握把（见右图），由埃尔贡公司(Ergon)在德国为其客户制造。埃尔贡 GR2 自行车握把采用注塑成型的塑料芯、橡胶和金属材料，可以减轻大多数人骑自行车后所产生的手掌麻木的状况。这项设计在 2006 年首次推出，公司进行了一个全面的用户使用调研，人机设计优化的形状和握把的质地均匀地分散了手掌上的压力，良好的摩擦力使手对车把的操控性达到最大限度。根据市场反馈，公司在 2009 年对这一设计进行进一步完善，包括：改善了尾端摩擦条和座椅的保护部分，这一调整不仅使舒适性与摩擦力良好结合，还降低了材料成本。

在能源类方面有一个有趣的发明，就是瑞典从 2007 年至今一直在研发的可感式电源线，也就是通过视觉可见电流的电源线（见次页右图）。我们中间的大多数人可能平时并不在意电力能源的使用，直到收到每月的电费账单时，才会想到要节约电力能源。可感式电源线是利用信号设备在能量流动时发出光脉冲来实现可见的，并且随电流强度的改变，脉冲光亮度也会发生变化。例如，当我们改变音响设备的音量或者空调的温度时，立即可以看见电源线的亮度发生变化。这项有趣的设计是基于将直观的光的概念与能源的使用做了等同，也让人们意识到电流的真实存在，有效地提醒使用者避免无谓的浪费，并控制电力能源使用。无论从技术和审美上讲，这都是非常靠谱的。

真正的以人为本

在人类生产力的发展历程中，我们惊讶地发现，人类最初总是纯粹地从“以人为本”出发去创造和制造生活所需要的物品。但是，生产力高度发展的时代到来后，人类渐渐偏离了“为人自身所用、最实用、最易用”的初衷，把效率与效能放在了首位，人变成配合机器

背包型雨伞

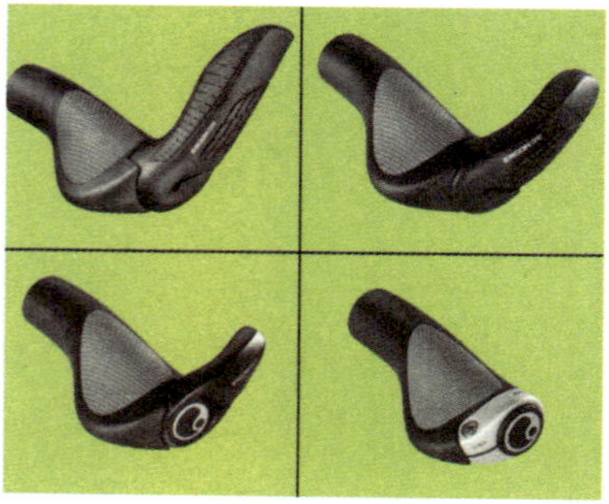

埃尔贡 GR2 自行车握把

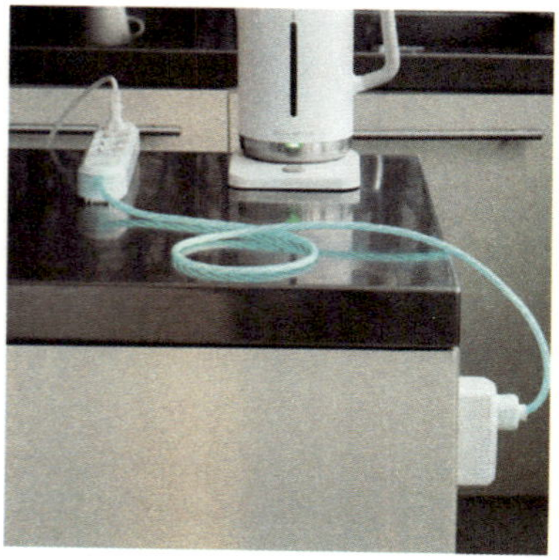

可显示电流电线

在与生活息息相关的工业产品方面，北欧设计在展览中非常显眼。挪威的艺术家和设计师处在创新设计的最前沿，他们侧重于设计出更加智能、美观和多功能性的解决方案，能够在竞争中成功取得全球市场。

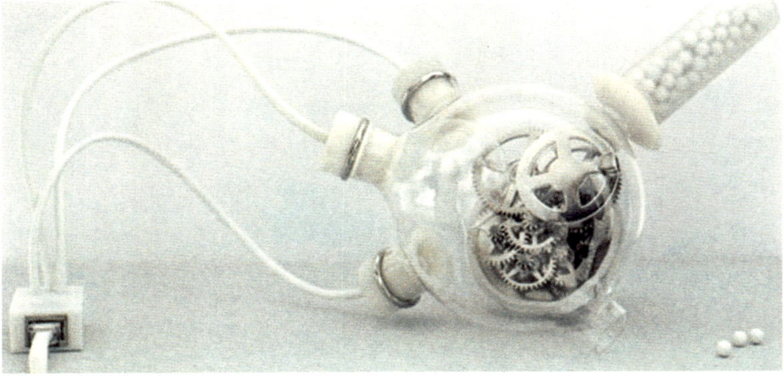

人工生物时钟

劳作的附属，而这些机器并不懂得“关照”人本身，大量由机械和现代化设备在人机设计上的不合理而引发的职业病或者伤亡层出不穷。正因这种迷失，我们今天才要审视：我们的“现代化”是否是真正意义上的“人类”的现代化，是否能带给人类真正的美好生活。由此也引发了许多“如何利用机械理性数据化的特点为人类提供服务”的大胆设想。

生于以色列的英国图片设计师科恩（Revital Cohen），与另两位正在研究设计之间交叉影响的设计师共同制作完成了一个以人工生物时钟为概念的作品，帮助人们思考新兴技术和现实生活之间的复杂联系，帮助现代科技进入我们的生活并改善我们的生活。

我们意识到今天的生活方式已经远远不同于以往。女性的生育年龄正在不断受到挑战，紧张的社会生存压力和新的生育观念让女性的生育年龄大大推迟，很多女性选择利用新技术实现体外受精和卵子冷冻。同时，现代药物让女性的生理周期变得模糊并可随意改变，使用避孕激素会使人体的正常生理信号被扭曲误读。

人工生物时钟正是要提醒女性在复杂快速的现代生活中需要时刻关注自身的机能变化，“它”可以从使用者的医生、治疗师、家人和伴侣等方面搜集其心理、生理各方面的信息，对这些信息做出汇总与评级，同时也可以通过网络了解其银行账户信息，从而做出反应。“它”能在适当的时候提示女性最佳的受孕时机已经到来，让使用者在身体上、精神上和财政上都提早做好充分准备。

这是设计中的关键性工程，即用设计去探索道德、文化和心理问题。生物时钟可能评价的不单单是某一个用户的生活状态，它也可看作是对人类生存方式发生改变的一种评级，提示人们离自然的生物本能有多遥远。那么，这又回到了关于什么才能给予人类真正美好生活的话题以及为什么现代设计一定要回到“以人为本”这一原始人类造物和原始经验——人机工程学最关注的命题上。这不是倒退或者反复，而是社会不断进步的必然，之前因技术发展得太快而造成的缺失正在逐步被修正。人终究是自然生物，其身体本身所包含的生物密码是必然要顺应自然法则的。这像极了中国道家“天人合一”的概念，所谓天，即是自然规律，天人合一，就是把人放置在自然中，达成一种新循环。

生态、绿色、人因等设计概念的提出都是出于这种“以人为本”的意志，提倡环境保护与修复正是人类在建立自身内部环境后一定要建立一个外部可依赖的宏观环境的需求。为了尽可能地节约有限的自然资源，设计师甚至动起了“死人”的脑筋。死亡是每个人最终的归宿，但现在还有不少地方因为对死亡传统意义的认知，而坚持使用棺木和土葬。各种金属和硬木棺材消耗了大量宝贵的资源。于是，新西兰设计师设计了一个简单、无毒、可生物降解的棺材，由PVC材料和木质材料复合而成，表面呈自然的木纹，内部也是合成材料，装饰相对简化。材料不仅环保，优雅的造型还能给予死者以尊重，也是人类来之于尘归之于尘的最好诠释。重要的是，庞大的死亡人口给环境带来的压力就会小多了。只是这个设计的推广还有待时日。

在新媒体方面，更有根据活动电脑自动生成内容的媒体海报墙，这种为校园、企业而设计的海报墙改变了传统校园里的张贴式海报栏，重复的张贴与覆盖动作消失了，取而代之的是虚拟的电子海报。这项设计的目的是为了省下传统海报的印刷费与人工费，节约纸张材料，同时让视觉更清新，即使在夜晚也可观看。不过，这项设计还必须将电费控制在

零能耗多媒体墙

一个适当的标准之下才可有效推广。

在医疗和无障碍方面，有专门为视力受损的人群设计的概念导盲设备，在引导系统和GPS系统上集成了人工智能，可以模仿导盲犬逐渐“学习”的能力，记录用户周围的环境并引导他们熟悉行走路线。医疗专家还研发了检测哮喘的专业医疗器械，友好的外观和不断改善的有趣并直观的用户界面让使用者乐意尝试。当用户使用设备进行呼吸检测时，设备会显示病人哮喘的严重程度。

能源的可持续应用也是“美国国家设计三年展”里不少展品的关注点，也是未来设计的大趋势之一。

2008年，建筑师西蒙·季奥斯尔塔工作室（Simone Giostra & Partners）及奥雅纳公司（ARUP）在北京完成了一块世界上最大的全彩LED零能耗多媒体墙。该项工程总造价1500万元，由2300块、9种不同规格的光电板组成。白天，整个墙体的光电太阳能元件在集聚太阳能的同时，还可以遮阳以防止大楼的温度过高。到了夜间，日间集聚的能量转换成电能，外墙发出炫目的灯光，整个大楼外立面即刻成为城市夜景中最震撼的视觉盛宴。这块多媒体墙利用了自然能源的循环，以自给自足的能源供给方式来组织系统运作，真正实现了零损耗。

在现代交通工具中，使用清洁能源的电力汽车越来越多地从概念的设计走入人们的生活，但及时给电池充电来保证汽车的续驶里程成为令人头痛的问题。为了支持电力能源取代传统能源，鼓励人们更多地使用电力或者混合动力汽车，美国部分城市正在建设智能充电站系统，又称网络充电站或安全岛，让用户能及时为电力汽车充电，并且支付系统也相当便捷。

另外，生活中的消耗品正在成为北欧设计师的重点设计对象。在包装材料上，一种从多种类型的植物纤维，包括水稻、秸秆、残留棉花和甘蔗中提取出来并制造而成的可持续的包装材料，开始被用于食品和其他产品的包装。这种植物纤维包装材料有很多优点：透气，可印刷，可供微波炉使用，防水和防油，并可以承受高达356摄氏度的温度。最重要的是，这种天然的包装不会给人类带来如传统塑料、泡沫等包装材料中所含的毒性。

挪威设计师克里斯汀（Kristine Bjaadal）在2010年斯德哥尔摩家具博览会上展示了她的

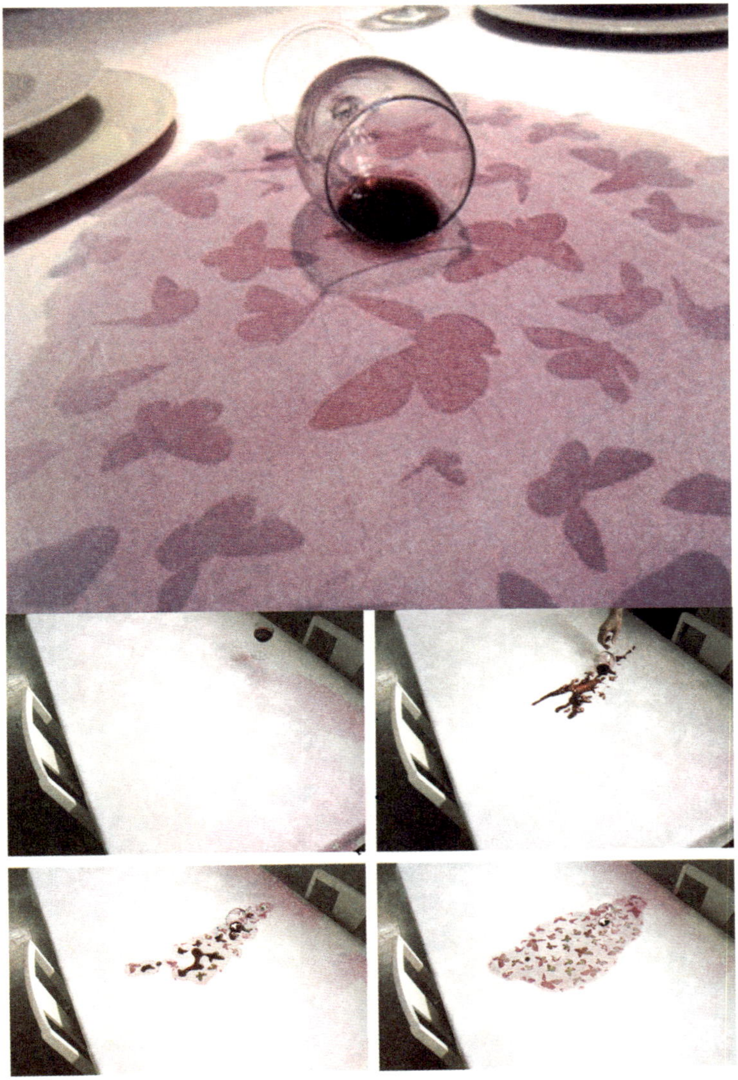

蝴蝶变色桌布

新设计——“Underfull”的蝴蝶变色桌布。初看上去，这只是一块传统的白色花缎桌布，但是当它遇水时，就会显示出隐藏的蝴蝶图案来，待桌布晾干，蝴蝶图案又会消失不见。这样的设计概念的好处在于把原本尴尬的局面转化成了美好的体验：当你打翻了饮料时，竟然有惊喜发生。设计师认为，这个设计会带来丰富的情感价值，设计师想通过这个设计给人们带来更多的正面的体验，并让人们更加关注自己身边的人和事物。

我们看到在各个领域，新材料的使用和能源的可持续性发展成为科技研发和设计人机工程学项目的核心。正如我们所追求的那样，让现代化设计、现代化机械与设备、环境与产品真正实现生活的“现代化”，而不是为机械与环境所累，不因“现代化”产品危害到健康的生活，不再去犯忽视人性、注重短暂的功利性的错误，真正懂得人与自然之间这个最大的人机关系协调的重要性。

人们越来越注重材料的安全性，也表征着人类越来越强烈地想回归自然生活的欲望。在这种欲望还不能满足的情况下，做一些补偿性的设计也未尝不是好的办法。

由日本设计师利用仿生手法设计出的名为“Lunar LED Lamp”的低碳节能月亮灯仿照了月球表面的坑坑洼洼的形象，是设计师根据卫星收集到的图片精确绘制的。此灯还采用节能的 LED 光源。

与此相似的是，一位俄罗斯的设计师也设计制作了弯形月亮灯，清冷的光源也是模仿月亮的自然亮度，将它放在夜晚的房间，有如沐月光的感觉。这时被点亮的不仅仅是一盏灯，而是人们对简单自然的生活的向往，是设计对人的本身生物性与感性回归的关怀。

第六章
做生活的设计师

《玛丽莲·梦露》

安迪·沃霍尔，1962 年，彩色丝网印刷版画，51 厘米 ×41 厘米，现由画家贾斯帕·约翰斯收藏。

设计者和使用者的交流

永远值得设计师自我提醒的是，一件设计作品伴随着时间与生活的流逝，能够生发出新的意义。设计师是产品最初形态的缔造者，好的设计可以仿佛如生命般给予人们舒适与安宁，甚至与使用它的人产生精神“交流”。更有设计师甚至能预想到作品在时间流逝中的变化，随时间的变化带给人“惊喜”。

香港设计师孙浚良曾于1996年在他的第一个商业作品《香港石版画近貌》中，加入一种未完成的概念，即书籍的纸张在装订的时候都刻意地没有被裁开，读者在对每部分阅读前，都必须先自己亲手裁开纸张，这使读者不仅增添了阅读的乐趣，也更深刻地感受了一次次裁开并一章章逐一阅读全书的整个过程。更精妙的是，设计者在选纸上采用了两种不同的纸张：一种是容易氧化的新闻纸，而另一种是色泽较好且不易变色的优质印刷纸。根据书中内容的不同，使用了这两种不同的纸张，分别表示了时间的痕迹与艺术的永恒。在最初的时候，两种纸看起来没有什么不同，都是白色，而随着时间推移，新闻纸氧化泛黄变旧了，而优质的印刷纸仍然保持原样，两者形成了明显对比，让读者宛如身处这段历史之中，仿佛与时间进行了一次对话。

设计者与使用者会通过产品进行交流。产品传达了设计者的设计概念与精神，使用者则通过提出大众诉求对设计师的设计创造工作进行影响，所以大众诉求对设计师来说至关重要。人与物的关系，从设计角度上来说，关乎使用者对产品色彩、形状与风格的感受。对于同一个产

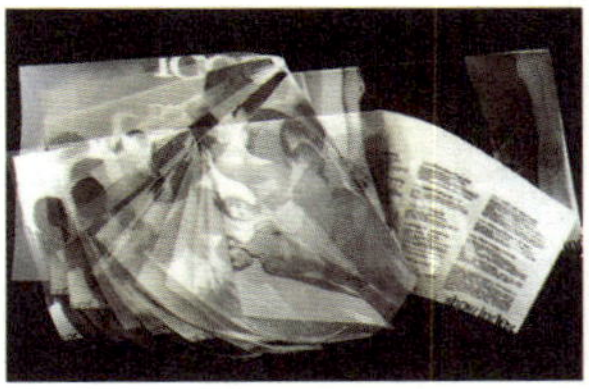

孙浚良的设计作品

品，一千个使用者就会有一千种感觉与评价，所以设计开始之前就应该先了解其心理需求，这需要设计者运用一些知识有效地判断出用户的个性心理。当产品既符合使用者们的各项普遍性要求，又能够满足用户个性化的心理特点，才是好的作品。

性格的色彩

使用心理学分析这一武器很重要。传统的心理学把人分为四种基本性格，其源头是希波克拉底（Hippcrates，前 460 年—前 377 年）的四液学说。他将那些明显乐观、爱玩乐、有易冲动特征的人称为多血质；将那些喜欢成为领导者、大胆勇敢的人称为胆汁质；将那些循规蹈矩、感情细腻的人称为抑郁质；而将那些乐于旁观、容易动摇的人称为黏液质。而后，碧瑞斯和其女儿（Katharine Cook Briggs&Isabel Briggs Myers）根据荣格心理学研发出了 MBTI 分析工具，她们将人划分为 16 种类型，并认为这四种性格特点都有各自所适合的工作与生活方式。

近年来，性格色彩的分析方法和进一步针对设计的色彩季节理论都是我们了解自身、了解大众喜好的良好手段。以此为理论基础，利用测试来了解使用者在色彩、风格方面的喜好，也就是通过心理学测试来分析用户喜好，这种方法比较适用于有针对性的、突出修改特征的设计，例如家庭室内环境设计、服装设计、形象设计等。右图是四季的单色配色，也可以据此来了解对象的性格类型与色彩偏好。

性格色彩

缔造生活

设计师是产品原始形态的缔造者，使用者赋予产品以生命存在的延续，特别是生活中的设计产品，可能随时会变得完全没有最初设计时的模样。同样的服装，会因不同的发型与配饰而体现出不同风味。又比如居室的设计，随着物品的增减、家具的更换，也许在若干年后，已经完全看不到最初的设计样式，但对于使用者来说却因它的陪伴价值而显得珍贵，使用并感知到作品生命是一种对时间的领悟。

生活中的设计有如茶道的学问，要知道喝茶的本质不过是煮水点茶而已，何以生出那么多的文化与哲思呢？

我们之前说过日本茶道大师千利休关于“茶室只置一花”的原则，据记载关于大师千利休还有这样的一个故事：千利休曾主持以山茶花为主题的茶会，客人在壁龛、家具、茶具、点心和小食中均未发现山茶花的踪迹。直到散席时，客人们才纷纷问起这山茶花究竟在何处。大师指着尘穴（也称饰厕，象征性的厕所，作观赏之用而不真正使用）处说：不是在这儿吗？人们围近尘穴一看，果然有一枝山茶花娇艳地开放着。在生活中发现美，这便是千利休独有的才华和他想告诉人们的道理。

设计师用经验设计，而平凡人的设计更多的是用发现。因为是自己熟悉的环境，更容易在生活中发现美，也更加知道各个成员在生活中的需用之物。比起设计师来，自己来设计周围的环境更多了些爱心。再者，又是与喝茶的道理相同，为什么以传统的茶道方式泡出来的瓷杯中的茶比我们平时保温杯中的茶更好喝？传统方法喝茶，必然要起火、煮

千利休像

水、点茶、喝茶，而其中的细节步骤可谓繁多。从主人来讲：要插花、摆茶具和点心，点茶时要取茶、洗茶、泡茶、送茶……对于客人来讲：要赏花、行礼，再看过主人一系列动作之后，才可以在泡茶者期待的目光中，饮到这一小杯茶汤。可以想象，这味道自是不再简单了。

做生活的设计师是体验一种享受与服务的过程，享受的是设计创意实现的开怀，服务的是最亲切的家人、朋友，在这一过程中，也收获了赞赏与感恩。

了解了人机工程学的基本常识，再加上一点点风格上的认识，自己动手进行设计，便不再是一件困难的事情。例如，我们可以客观地运用前文提到的性格理论的知识，总结一下自己及家人所喜欢的颜色，并用此来装饰家居，这样投其所好的办法亦会带来意外的惊喜与青睐。另一个好处就是，自己动手设计可以不必担心材质的不安全。一位北欧设计师名为“面纱帘”的设计作品也许可以为你带来一些启发。

这件作品的初衷是为了表达对环境的关注，因此设计了一种完全使用绿色材料的隔断帘，应用范围广泛，从房间隔断，到围巾、地毯、家具等都能适用。帘子由芬兰一家织物工厂快速生产，材料是由可生物降解和可循环再造的牛皮纸纺的纱制作而成，耐用性非常好，并且由于纤维的密度高，纱制材料不会藏纳灰尘或污垢。生产染料时，更无需使用氯气和带颜色的纱线，因而也不含任何重金属。简单的材料和设计，体现了芬兰的设计美学。

环保纤维织物

简单的材料和简单的手工编织，就可以成为生活中一道安全而又靓丽的风景。

你了解你的家吗?

如果重新审视你居住的环境，是否觉得有许多令人纠结的地方?又或原本还特别得意的设计，现在变成了棘手问题。比如别墅超过两层结构的天井长吊灯，最初安装时又气派又绚丽，但脏了之后才发现，想尽办法也擦不到；又或者厨卫里有些卫生死角，弄不干净又怕滋生细菌，特别是门板式垃圾桶和台面式垃圾桶，拉开柜门时的味道令人烦躁，以为眼不见为净，但是后遗症太多；还有敞开式的书柜，设计之初觉得非常大气，灰尘积起来却很快，每隔不久就要打扫一次……

除了诸如此类的使用功能上的问题，美观性上也有些令人烦恼的地方。背景墙是最集中的表现，装修过没多久，那种看似“豪华”的装饰就过时了，拆除工程量大，但看着又觉乏味。最典型的例子就是曾风行一时的罗马柱，已成为许多居室中的鸡肋。也许，谁都不知道以后会流行什么，如果知道风格会朝着简约复古的方向发展，谁又会轻易地使用如此有历史重量感的古典元素呢?

当然，只要试着换一种思路，也有避免出现这些问题的办法。从功能性来说，既然是为了使用而设计，自然要从人机工程学的角度去衡量一个方案的可行性。坚持从长期使用的角度去思考，绝不因一时表面的好看而妥协，那些所谓擦不到的吊灯，有臭气的柜子，还有卫生死角也都不会存在了。

审美问题和美的原则，在每个时代都不相同，它们在每个阶段都呈现出不同的面貌，并不断地演变。所谓流行，就是迟早会退出大众视线的一种事物。以居住环境为例，一次装修至少使用 5 至 10 年，或者更久。而一种流行从出现到式微要远远短于这个时间。以前某种风格的跟风还伴随一些时代因素，当大众认知程度还不高的时候，新事物极易传播，跟着流行走是很自然的事。而今天，我们有了更加开放的平台和更加多元化的信息渠道，对历史中的经典也有了深刻的认知。选择一种风格或者是创造一种风格，如若不想太快过时，就一定不要去抓流行的尾巴，它导致的结果必将是厌倦。从设计心理学角度看，流行与厌倦正如事物的正反两方面一样，是不可分离的。

相反，以简洁清新的方式去抑制厌倦的情绪在设计史上常有着成功的经验。最初创造一个环境时，颜色风格都不要有过强的刺激，也就不会很快产生厌倦的情绪。尝试简单的生活环境，不盲目地跟随潮流，不追求华丽，才是创造长远地让心灵放松的环境的良方。

家居装饰中曾风行一时的罗马柱

室内的色彩

很多人都曾经或正在为一件事发愁，就是所居住的空间的色彩究竟如何来确定。通常的办法是首先确定一个色彩的基调，同样也可以从四季色彩中选择一个季节作为色彩配比的参考，颜色的种类最好不要超出这个季节的范围。所谓基调，即室内墙面、天棚与地面的色彩。其中墙面通常是家具、电器、装饰品的背景，所以家具、电器、装饰品又会反过来影响墙面。这时你所要处理的就是要同时协调背景与主体色彩间的关系。

室内色彩环境氛围的建立一般都采用同种色调或类似色调，前者给人以亲切感，后者给人以融合感。若希望得到另类时尚的效果，则可以采用对比调和法，即采用相差较大的色相、明度和彩度对比。这种装饰的视觉刺激比较强，一般适合用在公共场所，家居环境则应谨慎使用。还有一种非常安全的色彩配比方法，就是用同一或近似色调和，选择一种色彩或近似度非常高的色彩，其差别主要在明度变化上，这样的配比虽安全统一，但总会缺少些变化。中间调和在室内设计中使用较多，即选择有变化而又相差并不太远的色彩。例如，在同一季节色彩中，选择冷暖不同的颜色，加上明度调节作用，可取得统一中又不失变化的效果。

在材料质感的选择上，也要遵循一个原理：粗糙的材质显得亲切与易于接近，而光滑的材质显得冰冷与遥远。因而过大的房间可以多使用如地毯、纹理沙发之类粗糙纹理的装饰，过小的房间则可多运用一些光滑的材料以产生广阔感。

在一定条件下，产品设计的空间会具有情感表现力，它可以成为某种情感的符号载体，或者成为人们的情感投射对象。除了通过颜色的配比来打造好的居住环境，还可以通过材料、结构、质感、色彩、照明等因素，使空间产生不同感受：温暖、寒冷、欢乐、忧愁……如果使用得当，便是家庭欢乐的前提。

正如明人李渔所指出的："盖居室之制，贵精不贵丽，贵新奇大雅，不贵纤巧烂漫，凡人止好富丽者，非好富丽，因此不能创异标新，舍富丽无所见长，只得以此塞责。"人之居所，珍贵之处在于精致自然。他还认为室内陈设也不应终年不变："居家所需之物，惟房舍不可动移，此外皆当活变……是无情之物变为有情。"适当地改变家庭的陈设，也是促进家庭幸福的一种必要手段。

浅色在室内的运用

浅色、光滑的室内装饰能让人产生空旷感。

在一定条件下，产品设计的空间会具有情感表现力，它可以成为某种情感的符号载体，或者成为人们的情感投射对象。

空间加减法

李渔在《一家言居室器玩部》中，明确地阐述了在家具设计和室内陈设方面不能拘泥于旧式古法，不能专事仿效，而要追求变异与创新。他自谓:“性又不喜雷同，好为矫异，常谓人之葺居治宅，与读书作文，同一致也，譬如治举业者，高则自出手眼，创为新异之篇。……予生平耻拾唾余，何必更蹈其辙。”李渔志在“自出手眼”作“标新创异之文人”。

若想让室内进一步变得独特，可以大胆地采用一些区域加减法。尝试先将室内环境看作一个整体，每个功能区域都是完全相通的，然后决定要将哪些区域从整体中完全分隔就减去，哪些还需要有所相连就做加法。

空间减法也就是分割区域，其类型主要是切断、半切断、通透和象征性裁剪等方式。比如厨房，若是工作室或者书房里的厨房就不必做完全切断，因为不常使用便可以做成敞开式，用低柜、吧台或者其他有装饰性的家具来分割区域，而经常使用的厨房就应考虑封闭式切断了。

所谓切断，就是用到顶的家具和墙体来划分空间，书房、卧室这些必须要降低噪声干扰的功能空间应与外界做切断。卧室的私密性会因此得到提升，休息的质量也会大大提高。

对空间若要求独特而另类，尤其是年轻人独居的面积不大的居室，想要得到更多的朋友聚会空间，便可以考虑将卧室与客厅的切断去除，使用沙发、低柜、栏杆、玻璃和悬垂物等做象征性分割，或者用升降帘幔做弹性分割。

一般情况下，我们会很自然地使用减法来分割空间，空间的加法相对不容易操作，但在有的时候，加法也非常必要。虽然可能需要进行大的改动，要将原有的界面全部或部分除去，通过打通或挖去部分隔墙的手法来重新设计，但这样不仅可以拓展空间、扩大视野，还使空间更具延伸性、互动性和流畅性。

屏风在现代居室中的运用

用屏风来隔断空间是家居装饰中常用的手法。

现代空间，尤其是公共空间更讲求空间的流通性与整体性，传统的切断式功能分区已经渐渐被引导性连通空间所取代，很多家居空间的设计方向也吸收了这种风格。比如将入户的花园或阳台与客厅相连，形成曲折延伸的空间关系，从而增加一些风趣。

巧妙之法有很多，灵动的空间也应该要有高有低。增加地面高差，如增加地台或者飘窗的台面做局部延伸都可达到转换空间、界定功能的效果；而顶面的高差处理，可增强空间立体感，也可丰富灯光的艺术效果。在卧室里若需要划分出独立的学习空间，较好的方法是使用地台分割。

另外，空间分割亦有一种灵活的点缀之法——象征性裁剪。空间如同文章、书法一样，也应该有起承转合，不想分割空间又想突出这种变化，可以使用曲线、折线、弧形线或者几何形来破除乏味，也可在地砖花纹上做一些对比变化，暗示出一个心理空间。

很关注收纳的朋友则可以用

空间减法也就是分割区域，其类型主要是切断、半切断、通透和象征性裁剪等方式。

凹凸的质感来巧妙地掩饰储藏空间。在空间垂直界面上做一些变化处理，可实现一些特定的功能需求。空间凹处可以放置花架、盆栽、古董、雕塑、工艺品，而凸处则可以隐藏取暖、通风、排水设备及杂物，如果再加一些特殊效果的照明，视觉上更有一番享受。常见大空间中用大玻璃隔出一个小园景，能产生生机盎然的效果。凹凸既可以满足功能要求，又能丰富空间视觉感受，可达到形式与内容的完美统一。

空间的减法使人得到安全感，但多用则会破坏空间的流通性；用加法则可以达到“柳暗花明又一村”的效果。利用巧思适宜地使用加减法，是每个人都可以进行的尝试。

环境是一个完整的体系，设计所创造的环境也要遵循这个道理，无论是公共环境还是室内环境，创造一个功能设备均适宜的居住空间纵是不易，维护和享受这样的空间更是要用心。当我们在喝茶的时候，自然需要有一把舒适的椅子。有了舒适的椅子，还想眼前有好的视觉享受。椅子的尺度要让人觉得放松，不仅对身体要有多个支撑点，还要使身体的背部循环不受影响。眼前所见之物的色彩、位置与造型要让人视觉舒畅，必须符合美学上的要求。当然，有了这些，我们可以好好喝上一杯茶了，但如若茶杯精致且拿着不烫手，头顶的灯光温柔使人宁静，而脚下的地毯亲切又柔软……那心情则更加惬意。人对环境的要求，何尝有尽头呢？

越是完备的人性化的考虑，就越是一个周全而完整的体系。无论这个体系是简洁还是复杂，只要让身处其中的人遗忘环境的存在，而能专注其所专注的生活和工作，任意发散其情感，没有一处让人觉得别扭或过度引人注意，这才是优秀的人机工程学创造的人居环境。

最后的话

人类当代的各种学科以无穷无尽的非线性形态发展着，各种新的学科也被逐步细分出来，而铺展其上的人机工程学便向着更加无穷的细节与学科的末梢延伸，它以多种学科架构为基础，反之又为这些学科树立基准与应用方法。因为无论多么高深的理论，都必须回归到生活中来。也许我们觉得真理是缥缈的宇宙的规则与定律，但其实真正的真理就是生活。这活生生的生活是每个人无时无刻不体会着的生活，同时也是人类千百年来积累下来的生活。是否适宜人类生存与生活，这一准则衡量着人类是否向着更科学先进的阶段迈进。

人机工程学一直研究人、物与自然三者之间的关系，力求以物的方式来解决人与自然间的矛盾。从人类学会自己设计制作第一件工具、改造自然开始，时间已跨越百万年。自文明时代算起，设计也已有数千年的传承。历史上的设计之物如同见证，记录着彼时代的社会与生活。一路追溯下来，竟发现设计物品中蕴含着人机工程学的内涵，也显示着数千年社会体制的变更。

商周的青铜器以其狞厉之美著称于世，常用的“饕餮”纹样，取自中国古代传说之食人恶兽形象，隐喻着神鬼统治的不可反抗。对于大多数民众而言是惧怕与敬畏，对统治者来说，则是一种工具与艺术，用来进行精神镇压的工具和代表着绝对统治的艺术。这时，人、物与自然界之间的距离很远。所谓人，指大多数的人；物，是青铜器；自然，便是不发达生产力条件下未知的自然界，“神鬼”的力量。物是连接人与自然之间的纽带。奴隶制社会时期，“物”是非人性化甚至与人性化相背离的。集权者用“物”来强调统治，展示强权。这就是所谓的“繁复美学”。无论中外，历史上都有这样的“繁复美学”集中表现的时期，西方的哥特风格时期、巴洛克和洛可可风格时期都是如此。

三者之间距离的产生，究其原因，都是统治者集中了最出色的物力、人力和财力，给“繁复”提供条件，为了显示阶层的差异而刻意制造出复杂的物品，以保持神秘感。而在民主社会，三者之间的距离越短越好，这样物才能很好地服务于人，社会才能通过相互提供服务而运转。产业革命之后，我们看到简单的无装饰的工业产品销量倍增，它满足了大多数人的需求而不必体现差异，这样的时代更容易获得幸福感。现在的北欧，有着高度简化的设计风格，同时也有着高度的民主。

为了更接近人性化的极致，体现出人、物与自然的最佳关系，现代设计主张创新、实用，并具有美学思想，产品的美感以及它营造的魅力体验是产品实用性不可分割的一部分。我们每天使用的产品都会影响我们的个人环境，也关乎我们的幸福。

好的设计要让功能一目了然，易被理解，是一种毫无妨碍、结实耐久、拥有细节、符合生态学，并且尽可能“少”的设计。更有许多设计师提出了“不设计”的理念，意在产品上尽量不要留下装饰的痕迹。

设计改变了生活，同时生活也改变了设计。

如果不是饱含着对美丽妻子的深爱而尽心竭力地设计新婚居室，莫里斯也许不会义无反顾地迷恋上哥特式的复古情调，从而不会成为工艺美术运动的中坚；如果不是第一次世界大战让曾经怀抱着无限军旅激情的青年格罗佩斯尝尽战争的冷酷无情，我们也许看不到他日后设计的那些跨越时代风格的理性而冷静的现代派建筑；假如薇薇安没有遇上性手枪乐队，没有喜欢上那些鼓噪的音乐，我们还能不能看到她那些激情碰撞的嬉皮服装呢？

每一个设计的诞生既来自于他们所热爱的生活，来自于生活的灵感与激情，又来自人们改造现有生活的愿望。

索尼的创办人盛田昭夫是日本战后协助国家从废墟中重新站起来的重要企业家之一，由于儿时曾受感染，他曾受到母亲喜爱用唱机听古典音乐这一习惯的感染，在他日后的种种产品发明中，磁带、收音机、录音机都跟声音与音乐有着密切的关系，他把世界推向一个随身听与耳机的时代。若不是他所热爱的儿时生活，便不可能成就这一切；如果没有“让每个人的桌子上都有一部个人电脑”的理想，PC 机就不会出现；如果没有想让妇女儿童都能操作摄像机的期望，索尼便不会改进笨重且操作复杂的传统摄像机，成就“掌中宝”了……

设计是个日渐平民化的工作，很多时候也需要非专业设计人员的参与，更加生活化和实用化的理念将会推动设计朝着更加人性化的方向发展。如同“美国国家三年展”的标题一样：WHY DESIGN NOW？现在为什么设计，设计其实就是为了解决平凡生活中的实际问题。正是生活本身形成了人性化的需求，改变了设计师的想法，从而推动了设计更快地发展，设计师的设计又改变了更多人的生活。设计与生活，就像两个巨大的齿轮，咬合着推动彼此前进。对生活的追求不停，设计便不止息。

参考文献

1. 王受之编著：《世界工业设计史略》，上海人民美术出版社 1987 年版。
2. 闻人军译注：《考工记译注》，上海古籍出版社 1993 年版。
3. 章利国著：《现代设计美学》，河南美术出版社 1999 年版。
4. 王受之著：《世界平面设计史》，中国青年出版社 2002 年版。
5. [美] 唐纳德·A. 诺曼著，梅琼译：《设计心理学》，中信出版社 2003 年版。
6. 靳飞著：《茶禅一味》，百花文艺出版社 2004 年版。
7. 丁玉兰著：《人机工程学（第三版）》， 北京理工大学出版社 2005 年版。
8. 潘谷西主编：《中国建筑史（第六版）》，中国建筑工业出版社 2009 年版。
9. 陈志华著：《外国建筑史（第四版）》，中国建筑工业出版社 2010 年版。
10.[法] 马克·第亚尼编著，滕守尧译：《非物质社会——后工业世界的设计、文化与艺术》，四川人民出版社 1998 年版。
11. 张光忠著：《工业设计：推陈出新在 21 世纪》，《经济参考报》，1999 年 4 月 23 日。
12. [美] 阿尔文·R. 蒂利著，朱涛译：《人体工程学图解——设计中的人体因素》，中国建筑工业出版社 1998 年版。